圣诞玫瑰 栽培

〔日〕有岛薰◎主编　　药草花园◎译

长江出版传媒
湖北科学技术出版社

有岛薫

作者十分喜爱圣诞玫瑰，具有多年的圣诞玫瑰栽培经验，为了让更多人了解圣诞玫瑰，他将自己多年的种植心得进行总结与分享。除了圣诞玫瑰，作者对玫瑰、兰花的栽培也有很深的造诣，常年以"更简单，更美好"为宗旨来解说花园植物的栽培，其简明、轻快的文笔广受好评。

图书在版编目（CIP）数据

圣诞玫瑰栽培入门 /（日）有岛薫主编；药草花园译. —武汉：湖北科学技术出版社，2020.8
ISBN 978-7-5352-9392-3

Ⅰ.①圣… Ⅱ.①有… ②药… Ⅲ.①玫瑰花–观赏园艺
Ⅳ.①S685.12

中国版本图书馆CIP数据核字(2020)第096537号

出 品 人　王力军
责任编辑　张丽婷
封面设计　胡　博
责任校对　王　梅
督　　印　刘春尧
出版发行　湖北科学技术出版社
地　　址　武汉市雄楚大街268号
　　　　　（湖北出版文化城B座13~14层）
邮　　编　430070
电　　话　027-87679468
网　　址　http://www.hbstp.com.cn
印　　刷　武汉精一佳印刷有限公司
邮　　编　430034
开　　本　889×1092　1/16　6.75印张
字　　数　160千字
版　　次　2020年8月第1版
　　　　　2020年8月第1次印刷
定　　价　48.00元

（本书如有印装问题，可找本社市场部更换）

爱上圣诞玫瑰

　　圣诞玫瑰的拉丁学名是 *Helleborus*，也就是铁筷子属。铁筷子属共有 20 多个品种，园艺改良品种大多来自英国，其中有一个品种黑根铁筷子，在圣诞节前后绽放如玫瑰般迷人的雪白花朵，所以英国的园丁们为它取了"圣诞玫瑰"这一爱称。如今人们通常将铁筷子统称为圣诞玫瑰，其实真正能在圣诞节开花的只有早花的黑根铁筷子一种，其他品种都在早春时节开花。

　　从原种到杂交种，圣诞玫瑰的品种众多，开花方式各异，花形、花色多姿多彩，有的像玫瑰，有的像茶花，还有的像芍药，让人难以想象它们都是圣诞玫瑰。

圣诞玫瑰气质高雅、姿态曼妙，而又习性强健，是名副其实的"冬日庭院贵妇"。可轻松融入周围环境，也是圣诞玫瑰的魅力之一。

圣诞玫瑰是独具个性的植物，不同的叶形、株形会呈现出不同的观感，不同的庭院风格都能轻松搭配。在无花可赏的时节，圣诞玫瑰常绿的掌形叶片亦有观赏价值。地栽固然效果最好，盆栽同样也能彰显风姿，圣诞玫瑰堪称是庭院里不可或缺的存在。

　　圣诞玫瑰可谓是近年来方兴未艾的"花园明星"。本书将通过丰富的品种介绍、精彩的庭院搭配技巧说明、全新的插花案例赏析等，全方位展现圣诞玫瑰的魅力。

　　圣诞玫瑰是可以自播繁殖的强健品种，书中对其栽培要点的详尽解说，能帮你打消关于圣诞玫瑰的管理疑虑。

　　圣诞玫瑰品种丰富，花姿娇羞优雅，无论是第一次栽培的新手，还是资深的园艺爱好者，都会随着对圣诞玫瑰的了解而愈发爱上它。

种植与搭配

圣诞玫瑰栽培入门

CONTENTS

第 1 章

【实例特辑】

感受圣诞玫瑰的魅力

　　仿佛顾影自怜般，最是那一垂首的温柔。优雅曼妙的圣诞玫瑰，是冬日的庭院中不可或缺的存在。下面我们将带大家漫游 5 座被圣诞玫瑰装点得美不胜收的庭院。

　　这些庭院的主人从花色和株形丰富的圣诞玫瑰中选择自己喜欢的品种，并充分利用其独特的风情进行庭院设计。

　　和其他草花搭配组合时，圣诞玫瑰一年四季可以呈现出不同的姿态。只有亲自栽培，才能深刻感受到圣诞玫瑰的魅力。

5 位圣诞玫瑰达人的庭院访问记

小竹幸子的花园

斋藤京子的花园

光山峰子的花园

森田淳子的花园

阪西纪子的花园

圣诞玫瑰花园 **01**

种满心爱的圣诞玫瑰和月季
四季都有花草陪伴的理想庭院

—— 小竹幸子

花园桌椅的周围，成片栽种着圣诞玫瑰和玉簪等在半阴处也能生长的植物。

庭院入口处的一旁，栽种了月季、圣诞玫瑰和水仙、花韭等小球根。圣诞玫瑰是当仁不让的冬季主角。

早春二月，幸子的花园仿佛被圣诞玫瑰覆盖。幸子和圣诞玫瑰最初的相遇是在8年前。在园艺店里一见到圣诞玫瑰，幸子就被它娇羞的姿态和优雅的花朵俘获了内心。

深灰紫色的单瓣花与明黄色的蜜腺交相辉映，这株圣诞玫瑰是幸子的最爱。

将圣诞玫瑰栽种在月季下方

幸子特别喜欢月季，在家里栽种了将近100个品种的月季。每到冬季，月季花事阑珊的时候，幸子便会对庭院的萧条感到不满，而圣诞玫瑰的花期恰好是冬季到早春，弥补了月季花谢后的空档。于是，幸子便在月季脚下种上圣诞玫瑰，让花园里一年四季都有不同的花开。同时，圣诞玫瑰的常绿叶片把月季下方的地面覆盖得生机勃勃，充满清凉的绿意。幸子在设计庭院的时候还特别关注了色彩的搭配。南面红色，西面黄色，而飘窗底下的花坛是粉红色，通过区域的划分来决定栽种的月季和圣诞玫瑰的色系。"颜色太多就会显得杂乱。"幸子说。

幸子的庭院充满低调的美感，每个季节都有花可赏。

享受季节变化的主角

　　春季到秋季的月季花期结束后，圣诞玫瑰便成为冬季到来年早春的庭院主角。有了月季下方的圣诞玫瑰，在庭院里全年都可以欣赏缤纷的花朵。

在花园桌椅下开放的粉色单瓣圣诞玫瑰，是散落的种子自然萌发的花苗。羞涩的姿态娇媚可爱，所以主人特意把它留了下来。

在塔形花架下栽种的重瓣圣诞玫瑰，乳白色的花瓣边缘晕染着粉色，给人华丽的印象。

Point

1 **让观赏效果更佳**

　　根据栽培场所选择品种，并选择合适的植物搭配种植，凸显圣诞玫瑰清雅的花姿。

左／月季下方绽放着清新而可爱的杯形圣诞玫瑰，地表覆盖着韭韭，一年四季都能保持葱茏的绿意。
右上／浅色品种组合栽植的角落，单瓣花和重瓣花交织种植，近似的色调统一了富于变化的多种花形。
右下／圣诞玫瑰搭配角堇以及花期、株高相近的球根植物，充分展现了春日的活力和丰润感。

玄关前方的角落，两旁的圣诞玫瑰仿佛在和洋水仙说悄悄话，生机盎然。

Point

2 色彩搭配上营造出韵律感

纵深很浅的长条形花坛很容易显得单调乏味。主人将白色系和粉色系的圣诞玫瑰交替种植，利用花色的变化制造出跃动感。

右／窗下的花坛里，月季下方种满了圣诞玫瑰，通过变换配色，让花坛在月季花期之外的季节也热闹缤纷。
下／和邻居家临界的花坛里，间隔栽植了粉色的半重瓣圣诞玫瑰和黄色的重瓣圣诞玫瑰，中间散布的是蓝色的西伯利亚绵枣儿。

栽种在小径旁的圣诞玫瑰开花时，朴素的小径便成为花园的观赏焦点，引导来宾进入花园的深处。

幸子的花园里不仅有花，也有各种可食用的香草。幸子很早以前就希望能实现无农药造园，后来认识了很多有着共同志向的花友们，大家经常一起交流从网上和园艺图书上学到的知识。现在，幸子主要用米糠培育植物。

用自家制的米糠和发酵肥料来造园

"无农药""有机栽培"往往给人很困难的印象，但是幸子使用的米糠有机栽培却简单至极。在红陶花盆里放置米糠和菌种，数周后就可以形成发酵肥料。幸子说："这样就没有必要定期喷洒农药，反而省时省力。"在完全不喷洒农药的花园里，野鸟和昆虫共存，植物看起来也更加鲜润、生动。幸子的庭院充满动植物的生命力，是真正意义上的"自然庭院"，到现在还在不断变化中。幸子说："在花园里喝茶时，可以感觉到小小的庭院里各种生命的气息，内心顿感丰裕。"

花坛中种植了白色重瓣、粉色斑点等圣诞玫瑰东方园艺种。地面用沙砾覆盖。

在阴处开放着黑花和白花的圣诞玫瑰东方园艺种低调而优美，搭配了花期相同的角堇。可以不时将盆栽拿到向阳处，避免角堇因为缺光而徒长。

3　月季花期的好配角

　　常绿的圣诞玫瑰在花期之外也给花园景观作出了很大贡献。从春季到秋季，圣诞玫瑰青葱的绿叶覆盖着地面，烘托出月季和蔷薇的花朵之美。

左/春季到秋季，庭院里粉色和白色的月季竞相开放，搭配了铁线莲等植物，生机勃勃。

右/月季开花时，幸子偶尔会举办花园聚会招待朋友。圣诞玫瑰的常绿叶片，从下方烘托出月季的魅力。

玄关前的角落里，紫色的飞燕草等宿根植物静静开放。两旁的圣诞玫瑰叶片，烘托出一条幽美的小径。

喜爱的品种

　　庭院里种植的品种大部分都来自幸子长期的收集。其中，幸子最喜欢的是黄色的重瓣花和双色的单瓣花。

淡粉色的花瓣上布满深红色的斑点，杯形花浑圆可爱，极为讨喜。

黄色的重瓣花。沐浴在晨光中的样子娇俏可人，每年开花时都会为主人留下无数美图。

双色的单瓣花。富有透明感的花瓣两面颜色不同，令人印象深刻。

花园设计图

面积：约 30 平方米

种植的圣诞玫瑰：杏色、黄色的重瓣品种，'瓦蓝灰'等

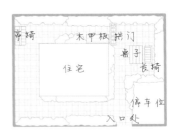

这个庭院整体氛围稳重恬静，色调优雅复古。在日照较差的冬季，色彩缤纷的圣诞玫瑰给庭院带来了一抹亮彩。

在改造庭院时，除了自己无法完成的大树移植以外，无论是硬件的建造，还是植物的选配，所有工作都由女主人斋藤京子亲力亲为。

按照自己的风格建造庭院

京子在装修室内时精心选用了品质优良的古董家具，避免过度华丽和花哨，打造出一个简洁而优雅的空间。这种雅致的氛围，在庭院中也表现得一览无遗。

春季虽然是月季大量开花的季节，但矾根、黄栌、玉簪等观叶植物是带给花园优雅基调的重要元素。而一年四季都能突出存在感、叶片富有线条美的圣诞玫瑰，对于提升庭院层次感起着十分重要的作用。

除了植物以外，庭院中的古董杂货摆设也非常出色。杂货和圣诞玫瑰完美搭配，让冬日的庭院热闹纷呈。

不管是植物还是杂货，数量、质感、颜色的配置都非常重要，我们将在京子的花园中充分感受到这一点。

圣诞玫瑰花园

仿佛翻阅故事书一般
不断开花的植物描绘出鲜明的画卷

——斋藤京子

京子的圣诞玫瑰花园
从减法美学诞生的世界

在冬季的肃杀景观中，常绿的观叶植物和圣诞玫瑰组成素雅的画面。京子家的花园植物在品种和颜色上都精心配置，严格挑选，才造就了这种格调精简又优雅的风格。在每个角落都可以看到杂货和植物相得益彰的完美搭配。

京子有时会将庭院各处开放的圣诞玫瑰剪下来放在花瓶中欣赏，在花友们来访时，成为绝好的迎宾装饰。

花瓣内侧略带果绿的粉色花朵朴素可爱、楚楚动人。因为植株娇小，京子特别采用了孤植的方式，避免被其他植物遮挡。

Point 1
家具和杂货搭配
大大提升庭院格调

花园杂货使用不当容易显得杂乱。因此，京子大多选取的是设计素雅、颜色低调的杂货，酝酿出沉稳的气氛。

上／陶质的母鸡雕塑表面覆盖着少许青苔，给人久经岁月的感觉，仿佛在守护着庭院。
右／装饰性的铁艺栏杆，成为异味铁筷子等较高的植物的支柱。

突显单株的配植技巧

　　为了突显出单独一株植物的风采，栽种场所的植栽设计尤为重要。将旁边的植物留出恰到好处的间隔，注意颜色和谐统一，就能将单独的植株衬托得高雅不凡。

左／沿着蜿蜒的园路栽种着淡粉色的圣诞玫瑰。紫叶筋骨草和黑龙麦冬等深色叶片，映衬出花朵的可爱。
下／门边的花坛里，色彩明亮的彩叶植物让黄色的圣诞玫瑰显得温暖可爱。

长椅上摆放着圣诞玫瑰的插花作品，演绎出温馨的一幕。椅脚边的小兔子雕像制造出故事感。

梅树下方的鸟浴盆中，漂浮着几朵圣诞玫瑰的小花。圣诞玫瑰花朵的开放时间很长，可以欣赏很长时间。

喜爱的品种

京子说："白色、淡粉色、淡绿色系的花朵可以让冬日庭院明亮起来，而深色的花朵则可以提升庭院的纵深感。"

贵气十足的白色单瓣花，边缘的一抹粉色带来一丝温暖的气息。深色的蜜腺给花朵增添了冷艳的美感。

略带茶色的深红色重瓣花，波浪形的花瓣非常有存在感。为了更好地突显花色，最好栽种在明亮的场所。

Point

③ 让视线集中的植栽比例

玄关和道路的拐角处都是容易吸引目光的地方，利用丛生或是较高的植物营造出丰盈茂盛的感觉，打造成聚焦点。

沿着园中道路种植的玫瑰下方，群植了圣诞玫瑰，填补了空隙。

玄关旁略微抬高的花坛上种植了花色明亮的圣诞玫瑰，让花坛在玫瑰花期之外也可以生机盎然。

花园设计图

面积：约175平方米
种植的圣诞玫瑰：芳香铁筷子、中国铁筷子、克罗地亚铁筷子等原种，"舞群"系列

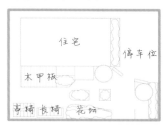

枕木地面和木质围栏等大量木材的使用，让庭院看起来清新自然。圣诞玫瑰既有地栽的，也有盆栽的，都生长得很好。

圣诞玫瑰花园 ⑬

从一株圣诞玫瑰开始的故事
和家人一起打造世界上独一无二的庭院

——光山峰子

自然散落的种子生发出新的植株。可以把这种自然生发的小苗移到花盆里栽培。

对峰子来说，圣诞玫瑰开花的冬季才是庭院一年中的花期。因为峰子家的这座花园是名副其实的"为了圣诞玫瑰而设计的庭院"。

峰子第一次看见圣诞玫瑰是在儿子家的花园。"那既妩媚又清纯的花朵让我一见钟情。"峰子这样说。儿子送给峰子一株粉色圣诞玫瑰后，峰子便开始了种植圣诞玫瑰之旅。此后，为了让峰子能够更舒心地欣赏心爱的圣诞玫瑰，儿子又为她重新设计了庭院。为了让向下开放的圣诞玫瑰看起来更美观，他先用红砖打造抬升式花坛，再给周围的地面铺装上枕木甲板，枕木朴素的质感将圣诞玫瑰娇柔的花姿衬托得恰到好处。

峰子的圣诞玫瑰花园

为圣诞玫瑰而特别设计

儿子为妈妈专门设计的庭院里，大约种了十几种圣诞玫瑰，共计 200 多株。夏季，庭院里一片绿意盎然，冬季则姹紫嫣红，分间兰三的花卡斤可围。

右上／红砖花坛大约高 30cm。枕木地面配置了充满野趣的小花池。高低错落的植物演绎出分量感和层次感。

右下／阳光下略呈透明的花瓣清新秀美。每朵花的形状和颜色都有着微妙的差别，这正是圣诞玫瑰的迷人之处。

Point 1 抬升花坛的位置
更好地欣赏花朵

在枕木地表各处设置了抬升式花坛，以便更好地欣赏圣诞玫瑰羞涩腼腆的花姿。这样，缺乏高低变化的大型植丛也不会显得单调，反而给人耳目一新的感觉。

多姿多彩的庭院

为了烘托作为主角的圣诞玫瑰，峰子还组合栽种了宿根植物和球根植物等。花水树、秤锤树、四照花等落叶树，都是在充分计算了洒落到圣诞玫瑰上的日照程度后精心选配的。晴朗的日子里，庭院光彩照人；夕阳西下或雨后初晴时，则会酝酿出梦幻般的氛围。

峰子说，冬日在家里最幸福的时刻就是一边喝着热腾腾的红茶，一边眺望满园的圣诞玫瑰。和家人一起打造的这个美丽庭院，在寒冷季节里也生机勃勃。

桌子周围摆放着高低错落的圣诞玫瑰盆栽，眺望花坛时景致也更丰富。

Point 2 巧妙摆放花盆 演绎出丰富的变化

　　峰子把喜爱的圣诞玫瑰栽种在花盆里，方便移动。特大号花盆可以成为花园的焦点，也可以点缀在地栽的植物中，享受搭配的乐趣。

左上 / 不同花色、株形的圣诞玫瑰栽种在形态各异的花盆里，打造出华丽的氛围。

右上 / 利用花盆制造出高低层次，和地栽的植株搭配成立体的景致。此处栽种的圣诞玫瑰花色均为浅色系。

右下 / 5月，用茶叶袋包裹住花萼，再用订书机钉牢以收取种子。

朴素的黑铁花架和同色系的铁质大花盆一起，绝妙地烘托着圣诞玫瑰的紫红色花朵。

喜爱的品种

峰子说："从儿子那里得到的园艺杂交种圣诞玫瑰是我的最爱，不过我也喜欢白色的重瓣花。向下开放的娇羞花姿正是圣诞玫瑰的魅力！"

圆形花瓣的单瓣花，粉色斑点恰到好处地分布在花瓣上，使具有透明感的白色花瓣充满魅力。

黄绿色的花瓣边缘微微染着一抹红晕。重瓣花特有的丰润感令人一见难忘。

这种圣诞玫瑰紫黑色的花瓣和中心的黄色蜜腺对比鲜明，在白色和粉色的品种里孑然独立，成为庭园中冷艳的明星。

Point 3 统一园艺资材的色调
造就协调的观感

这座庭院主体结构多为木质，主人适当添加了花架等铁艺杂货，通过统一园艺资材的色调，使整体搭配更为和谐。

铁艺的塔形花架和栅栏色调统一，花盆则采用和枕木同色系的红陶盆。

花园设计图

面积：约 120 平方米
种植的圣诞玫瑰：黄绿色原种之一的科西嘉铁筷子

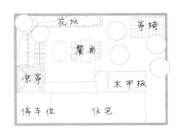

从木质长椅上看过去，群植的圣诞玫瑰生机勃勃，造就了清新的风景。

茶席上的鲜花装饰选取了从枝头剪下的圣诞玫瑰，可爱的花朵不仅装点了茶桌，也可成为交谈的话题。

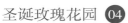

这是一片栽种了白色系圣诞玫瑰的区域。搭配了月季和常绿多年生植物，通过制造出高低错落的层次，让景致富于变化。

这一片是红色系圣诞玫瑰的区域。各种红色花朵汇聚一堂令人过目不忘。小坐其中，身心都得到极大抚慰。

圣诞玫瑰花园 04

迎来一年中花园最美的季节
让早春的空气沁入心脾

——森田淳子

淳子自己造园已有十年时间了。她的父母都非常喜欢园艺，她也从获赠的球根开始渐渐体会到植物的魅力。

这座庭院大约330平方米，栽种了姬沙罗、花水树等树木以及球根、香草、山野草等草本植物，之间点缀着圣诞玫瑰，野趣盎然，让人恍若进入森林中。

"我喜欢那些可以带来季节感的植物。"淳子说。圣诞玫瑰和球根植物的组合带来了春季的讯息。圣诞玫瑰既省心，又装点了从冬季到早春都略显萧瑟的庭院，让她格外中意。

自然风格的庭院造景

淳子曾经把花色各异的圣诞玫瑰混合种植，现在为了不让散落的种子自然生发而造成颜色杂乱，她把红、白两色的圣诞玫瑰分别种植在庭院的左右两侧。冬季到春季的盛花期自不必提，夏季常青的叶片带来的绿意也充满观赏性。在姬沙罗和花水树的下方，栽种着圣诞玫瑰、玉簪、风知草等，这些植物有一定的耐阴性，作为地被植物再合适不过了。比起长期花团锦簇的一年生植物，淳子更欣赏每逢花期才自然开花的宿根草，她希望打造一座景色随四季更迭而自然流转的庭院。

淳子的圣诞玫瑰花园

球根和圣诞玫瑰的组合

作为冬季庭院主角的圣诞玫瑰，一大优点就是花朵持久性好。圣诞玫瑰可在春季与球根花卉争奇斗艳，从早春到 4 月都可以欣赏其曼妙的花姿。

Point 1 早春盛开的小球根大显身手

番红花、雪滴花等传达早春讯息的小球根，是和圣诞玫瑰花期相近的好搭档。它们一起把冷清的早春庭院打扮得热闹而华丽。

上／黑色圣诞玫瑰旁边的郁金香冒出新芽，距离开花还有一段时间。
下／早春，低矮的番红花绽放可爱的紫色花朵，密植更有丰盈的感觉。

喜爱的品种

淳子说："从十年前我买入第一株单瓣圣诞玫瑰开始，除了一株重瓣品种，我栽培的几乎都是单瓣品种。单瓣花让我永不厌倦，尤其是黑色系。"

椭圆形的白色花瓣上散布着粉色的斑点，淡淡的色调散发春天的气息。

黑色单瓣花，富有存在感，是花园中的焦点。圆形花瓣的中心部分有黄色斑纹，对比鲜明。

Point 2 体会鲜明的色彩对比

郁金香开花可谓春季花园的一大盛事，花朵鲜艳亮丽，还带有球根花卉特有的透明感，恰好与圣诞玫瑰开始褪色的花瓣形成对比。

上／在从白色渐渐变成绿色的圣诞玫瑰花丛中，鲜艳的大红色郁金香吸引眼球。
右／在地栽的圣诞玫瑰中摆上一盆粉色郁金香，让长椅周围朴实无华的空间变得柔美俏丽。

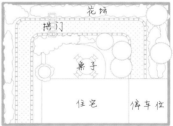

花园设计图

面积：约 330 平方米
种植的圣诞玫瑰：在阴暗处开放的黑色系圣诞玫瑰

大约 9 年前，纪子和丈夫把家搬到这处带有小树林的地方。两人首先拔除灌木，大量种植了苹果、樱桃、枫树等具有季相变化之美的树木，利用这里地形的自然起伏，改造出一个生机勃勃的花园。

纪子介绍："庭院被住宅和森林包围，很难晒到太阳，我们利用斜坡来栽种植物，尽量多争取一点日照。"众多的植物中，纪子最心仪的还是圣诞玫瑰。在造园初期她只地栽了 4 株圣诞玫瑰园艺品种，慢慢地，自然散布的种子萌发生长，现在花园里已经有 20 多株圣诞玫瑰了。

欣赏自播的花朵

为了能在最佳位置欣赏种子自播萌发的圣诞玫瑰小苗，纪子会先把它们挖出来在花盆里培养一段时间。等到植株根部发育完善了，再选择适宜的地方定植。

"如果任由它们自然杂交，同一株母本可能繁育出各种花色的子株，如果把这当成大自然的游戏，未必不是一件乐事。"

纪子把设置在庭院中的阳光房当作工作室，在其中开设了裁缝课程。在疲劳时放眼眺望窗外的风景成为纪子工作时的放松方式。"等它们繁殖得越来越多，从工作室里看出去时斜坡上满满一片都是圣诞玫瑰，这就是我的目标！"

在阳光下绽放的圣诞玫瑰
楚楚可怜的小花令人着迷

——阪西纪子

圣诞玫瑰花园
05

纪子的动手能力很强，花园里的家具都是她亲自涂刷的。

这个梯子也是纪子自己刷漆的。放上一盆种在高脚盆里的仙客来，把怀旧风杂货归拢成类。

打开阳光房的门，瞬间映入眼帘的是成群的圣诞玫瑰，和筋骨草等彩叶植物搭配起来，明媚可爱。

利用杂货和彩叶植物增添华丽感

在色彩暗淡的季节，圣诞玫瑰可爱的小花和青葱的叶片成为一抹亮色。搭配质地各异的彩叶植物和杂货，增添了空间的华丽感。

纪子的圣诞玫瑰花园

利用植物增添亮点，消除萧瑟感

落叶树木和宿根植物众多的庭院，冬季容易给人冷清萧瑟的印象。可灵活运用圣诞玫瑰和常绿的观叶植物，选择区域大量群植，赋予庭院纵深感，让庭院在冬季也不会过于冷清。

上/入口处的标志树金合欢下方环绕种植圣诞玫瑰，秀丽可爱。
右/早春的花卉仿佛在迎接宾客的到来，旁边搭配的杂货小兔子则增加了欢快的气氛。

圣诞玫瑰脚下匍匐生长的筋骨草覆盖了裸露的地面，朱蕉和石膏雕像丰富了景色。

喜爱的品种

多为单瓣的园艺杂交种。随着自然掉落的种子不断自播繁殖，颜色也越来越多。其中，奶油色和紫红色最受欢迎。

铁艺杂货搭配多肉植物，把冬日的庭院点缀得多彩迷人。

根据动线进行植栽设计

如果在庭院中大量种植圣诞玫瑰，会耗费很多的时间和精力。根据活动的动线进行植栽设计，就可以给人"到处都有花可赏"的感觉。

园艺杂交种，奶油色的单瓣花。花瓣圆形，有的带红色斑点或黄绿色斑纹。

园艺杂交种，紫红色的单瓣花。花瓣尖，基部带有黑色斑纹。和杂货搭配起来给人雅致、成熟之美。

花园设计图

面积：约317平方米
种植的圣诞玫瑰：'艾里克史密斯'、重瓣花'舞裙'系列

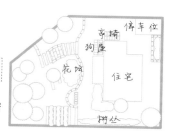

让人马上就想动手的 42 个圣诞玫瑰搭配创意

Coordinate idea

想要在庭院和阳台充分展现圣诞玫瑰的魅力，与其他植物和杂货的搭配十分关键。以下的案例充分展示了搭配的诀窍。

立体的盆栽摆设 打造富有韵味的风景

装 饰 性 的

打造美观的圣诞玫瑰盆栽的基本要点是选择适合的花盆和搭配植物。
当然，摆放方式和场所不同，圣诞玫瑰也会呈现出完全不同的面貌。
记住"展示最美的一面"这一原则，就打开了通向成功的大门。

在希望增添亮彩的地方摆放 充分展现盆栽的魅力

4 在高脚大花盆中孤植一株单瓣圣诞玫瑰。利用不同材质、大小的花器搭配，制造出观赏的焦点。红砖墙壁更营造出令人印象深刻的画面。

5 花坛中竖立的石柱，通风和日照都特别好，视线也容易集中，是一个绝佳的花台，放上一盆圣诞玫瑰，成为庭院的焦点。

6 利用台阶的高低差描绘出的绿色"线条"中，圣诞玫瑰增添了明媚的色彩。

1 为了呈现更好的视觉效果，将数个花盆沿道路蜿蜒排列，创造出繁花似锦的效果。

2 将圣诞玫瑰盆栽摆放在露台两侧，仿佛特意留出一条通往客厅的小路般。

3 入口处旁边聚集了各种盆栽圣诞玫瑰，仿佛在盛情欢迎来访的客人。为了更好地观赏圣诞玫瑰低垂的花朵，利用花架把盆栽调整到恰到好处的高度。

在盆栽下方添加地栽的植株让景致更加丰富

7 在道路拐角处放置的花架下，栽植了粉色的圣诞玫瑰，常绿的叶子掩映着铁艺花架，一年四季都清新美丽。

8 大型陶罐里种植着仙客来和圣诞玫瑰，下方同样种着数种圣诞玫瑰，陶罐后方栅栏上的枝条悠然下垂，将盆栽和地栽的植物有机地联系在一起。

花　盆　摆　放　法

9 树枝和木板制作的花架上，陈列了数盆圣诞玫瑰。木质花架、红陶花盆、红砖壁面都和圣诞玫瑰朴实素雅的风格十分契合。

10 把小型的圣诞玫瑰盆栽集中摆放在与视线齐平的高度，起到聚焦注意力的效果。既烘托出圣诞玫瑰可爱的姿态，又确保了充足的日照，让植株更加健康。

利用花架来展示圣诞玫瑰 既活用了垂直空间 也提升了盆栽的观赏价值

大花盆里满载着自然风情

巨型木桶盆里，数株圣诞玫瑰和其他草花栽种在一起，仿佛从花坛剪切下来般，充满自然风情。由于花盆有一定高度，通风和日照条件更佳，植物的生长状况更好，盆栽也顿时成为焦点。

把大号威士忌酒桶做成花盆，种植了圣诞玫瑰和香雪球、勿忘草、堇菜等小花，自然清新的气息扑面而至。

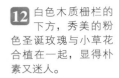

11 爬满灿烂开放的月季的拱门下方，圣诞玫瑰的叶片青翠油绿，把月季花枝和地面连接在一起，赋予景色整体感。

12 白色木质栅栏的下方，秀美的粉色圣诞玫瑰与小草花合植在一起，显得朴素又迷人。

13 塔形的黑铁花架下方群植了圣诞玫瑰，典雅大气。在月季花期以外的季节里，塔形花架也可成为庭院的焦点。

添加了漂亮的地被植物
让园艺资材有机地融入庭院中

Coordinate idea ●资材和家具

添加花园家具，

圣诞玫瑰的叶片几乎全年常绿，
很适合作为地被植物来覆盖地表。
其蓬松茂密的株形可以把花园资材、家具
和庭院的景色调和在一起。
选择合适的品种，是决定空间氛围的关键要素。

搭配古雅的长椅
制造出如诗如画的风景

14 树荫下的长椅边种植着圣诞玫瑰和紫叶酢浆草，造就了幽静的景致。长椅的青铜色泽和圣诞玫瑰的叶色融为一体。

15 线条纤细的长椅造型优雅，背后种植着圣诞玫瑰，白色的铁艺架子和翠绿的叶片相互衬托，营造出恬静的氛围。

灯具、饰品和植物
相互衬托，交相辉映

尽享花期的盛景

16 在没有花的时期，圣诞玫瑰醒目的叶片使树荫下绿意充沛，恰到好处地掩映着小路灯。

17 圣诞玫瑰前方的铁艺松鼠装饰营造出森林般的氛围。迷你松鼠摆件把花朵衬得格外硕大。

18 隐藏在绿荫里的带柄陶罐正对着一大丛圣诞玫瑰，斑驳的叶影洒在红陶质地的罐子上，显得温暖而美丽。

数种株形不同的
观叶植物
造就更加自然的效果

19 鸟浴盆下方种植着圣诞玫瑰、花烟草和玉簪，巧妙运用株高和叶姿不同的植物，描绘出绿色的层次变化。

20 圣诞玫瑰的枝叶柔化了花盆的生硬印象。花盆中，三色堇和小型玉簪的组合描绘出丰富的色彩。

31

21 阴暗的树下栽植了数株花色明亮的圣诞玫瑰，使地面变得水润清新。

22 作为庭院中心的鸟浴盆四周环绕着圣诞玫瑰。厚重的鸟浴盆通过精心的搭配设计，显得高雅而大气。

看起来是自然群生的植被，实际上经过了周密的设计

将花坛划分区块
分别设置颜色主题
形成美观又协调的角落

Coordinate idea ●花坛

仿佛绘制画作般

把花坛当作画布，
以圣诞玫瑰为主角，
用心仪的花草描绘出优美的风景。
将圣诞玫瑰尽可能栽植在高处，
这样可以充分欣赏花朵之美。

23 勿忘草和葡萄风信子清新可爱。球根植物的开花期较早，正好和圣诞玫瑰一致。

24 红褐色和莱姆绿色的圣诞玫瑰搭配以白色的荷包牡丹、粉色的福禄考，造就了一个浪漫的空间。

25 道路两侧的区域栽满了白色的圣诞玫瑰和花叶富贵草，为阴暗的空间带来一抹亮色。

26 选用红砖建造花坛并铺上鹅卵石，演绎出岩石园的风情，使这片风景充满了野趣。

27 沿着栅栏而建的花坛成排种植着圣诞玫瑰。为了突出起伏感，在花坛中点缀了木质和铁艺花架，带来空间的变化。

精心栽植

尽显魅力
让圣诞玫瑰下垂的花朵
打造抬高式花坛

充满野趣的天然石材花园

利用冷峻生硬的天然石材，模拟出圣诞玫瑰原生地的自然风情。圣诞玫瑰高雅的花朵与精致的铁艺栅栏一起让石材生硬的观感变得柔和。

利用天然石材堆砌而成的抬升式花坛，充分彰显圣诞玫瑰的魅力，营造出岩石园一般的野趣。

28 经常出入的门口附近，要营造丰润的绿意。在具有一定高度的抬升式花坛里种上大片圣诞玫瑰，有效地聚焦了视线。

29 在抬升式花坛中和地面各种上几株圣诞玫瑰，充足的间距让每棵植株都有了展现的机会。圣诞玫瑰娇柔的花姿打破了花坛的生硬感，造就了华美的氛围。

30 花坛在不同季节里有不同的主角，春季是月季，冬季是圣诞玫瑰。常青藤等植物形成绿意葱茏的背景。

31 在门口的红砖路两旁种上圣诞玫瑰，让小路即使在冬季也繁茂青葱，又突显出空间的纵深感。

32 在入口处的浓密绿荫里种上斑叶玉簪和圣诞玫瑰，令人心旷神怡。圣诞玫瑰花丛对面设置了长椅，便于一边休憩一边赏花。

33 方块石描绘出柔和的弧度，绿叶掩映的小径一直延伸至庭院的深处。红陶水罐下方的阴暗处种了圣诞玫瑰和观叶植物作为点缀。

制造出纵深感和宽度的配植技巧

Coordinate idea ●道路

装点道路和入口吸引访客的目光

圣诞玫瑰的植株较为低矮，叶片四季常绿，

用它装点花园小径的边缘，

可以让每个季节的道路都变幻有致。

充满魅力的小角落每次路过都会驻足流连

34 种植在入口处狭长花坛里的圣诞玫瑰，和山野草糅合统一，覆盖住小乔木的根部。

35 春季到夏季，可以欣赏月季和各种观叶植物，到了冬季，圣诞玫瑰便成为区域的主角。

36 白色石块铺设而成的小路搭配木栅栏，形成绿意盎然的舒爽空间。圣诞玫瑰的深绿色叶片与空间的整体印象搭配得恰到好处。

在大树下方
华丽绽放的圣诞玫瑰
一扫冬季的寂寥

37 在大树下方种上开放粉色花朵的圣诞玫瑰，赋予冬季萧瑟的庭院一抹柔美的暖意。

38 把圣诞玫瑰和古铜色、莱姆绿色的矾根混植在一起，可以欣赏到多变的叶色。不同的叶形和叶色，正是造就韵律感的重要元素。

39 在花丛中俏皮站立的松鼠雕像，造就童话般的意境，让庭院的氛围变得生动有趣。

40 高大的秤锤树下栽植的圣诞玫瑰，是叶缘呈锯齿形的品种，和叶形细长的花叶麦冬打造出一个充满对比美的角落。

将圣诞玫瑰作为配角
栽种在大树的下方
在没有花的季节
也可欣赏青葱的景致

Coordinate idea ●树下

圣诞玫瑰优雅低调
十分适合树下的阴地

圣诞玫瑰具有较强的耐阴性，是珍贵的树荫配角。
其低调优雅的花姿、不张扬的花色和株形，
都非常易于和其他植物搭配，运用方法丰富多彩。

41 用八角金盘和花叶绣球为背阴处带来明亮的色彩。耐阴的圣诞玫瑰在冬季更突显出这块区域的存在感。

42 在藤本月季下方种植了圣诞玫瑰和一年生植物，组成常年开花不断的花坛。圣诞玫瑰常绿的叶片烘托出月季的花朵之美。

第 2 章

【品种目录】

多姿多彩的
圣诞玫瑰品种大盘点

　　想打造品位高雅的庭院，在栽种任何一种植物时都需要充分考虑后再选择适宜的品种，圣诞玫瑰也不例外。经过长期的杂交，圣诞玫瑰诞生出数不尽的品种。品种不同，开花方式、花形、花色都不同，让人甚至不敢相信它们是同一个家族。

　　接下来，我们将介绍 146 种经选育的人气园艺杂交种圣诞玫瑰，以及 16 种保留着野生风情的原种圣诞玫瑰，相信你一定可以从中找到心仪的品种。

为什么叫作圣诞玫瑰？

圣诞玫瑰名称的由来

圣诞玫瑰即铁筷子，因其中一个品种黑根铁筷子在圣诞节前后开花，因而得名"圣诞玫瑰"。现在花园里栽培的圣诞玫瑰多半是园艺杂交种，这些杂交种大部分花期是 2—4 月，恰逢基督教的四旬节，因此圣诞玫瑰在美国又被称为四旬节玫瑰（Lent rose）。虽然圣诞玫瑰在世界各地的名称不同，但都被冠以"玫瑰"之名，可见其花姿之美深深打动人心。

长时间欣赏美景的秘密

圣诞玫瑰的一大魅力是相比其他的花卉，花期长了许多。其花瓣实为萼片，萼片在花瓣凋谢后依然存留，渐渐褪色干枯，因此可长期观赏。而原来的花瓣则退化成蜜腺，在花谢后凋落，随后子房膨大，结出种子。

圣诞玫瑰多为五瓣花，其中 2 枚花瓣在外侧，2 枚在内侧，1 枚一半在内侧，一半在外侧。偶尔也会有六瓣花。花朵在坚挺的雄蕊稍展开的时候，也就是花粉出现之前最美，花形、色泽都是最佳的状态。随着雄蕊展开，花粉开始出现，花朵的透明感就会慢慢消退。

— 花的构造 —

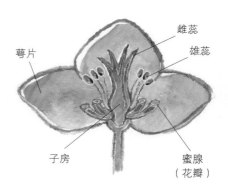

萼片

雌蕊

雄蕊

子房

蜜腺
（花瓣）

看起来像花瓣一样的部分是真正的花瓣吗？

圣诞玫瑰的株形千姿百态，独具魅力。即便是同一品种的圣诞玫瑰，每一株的花姿也各具特色，这种独一无二的魅力让人欲罢不能。在介绍品种之前，我们将简单介绍圣诞玫瑰的开花方式、花朵构造、花瓣纹样等特性。

花型的差异决定观感

　　圣诞玫瑰的花型可以大概分为单瓣花、重瓣花、半重瓣花这三个种类。

　　单瓣花的瓣形、花纹、质感都富于变化。重瓣花和半重瓣则以蜜腺瓣化为特征，瓣化的蜜腺富有分量感，奢华繁复，既有波浪形的，也有卷筒形的，各具特色，变化多端。另外，从花瓣的形状来看，圣诞玫瑰也和玫瑰一样，既有圆形花瓣，也有尖形花瓣。圆形花瓣柔和秀美，尖形花瓣则俏丽孤高，可为花园带来完全不同的氛围。

圣诞玫瑰的花型有多少种呢？

——— 圣诞玫瑰的花型 ———

单瓣花

只有一层瓣化的萼片，原来的花瓣退化成蜜腺。花型简单，很好地凸显出花色及斑纹的美感。

重瓣花

多层开放，分成萼片多重瓣化和蜜腺瓣化两种类型。层叠的花瓣制造出华美的观感。

半重瓣

（蜜腺平展形）

半重瓣开放，蜜腺的瓣化还在演化中，形成介于单瓣和重瓣之间的花型。瓣化的蜜腺又叫小花瓣。半重瓣花的小花瓣随着开放时间会散落。

半重瓣

（蜜腺卷筒形）

半重瓣开放，蜜腺瓣化后变成卷筒形，这个部分可以变化出不同的颜色和斑纹。

——— 圣诞玫瑰的花瓣 ———

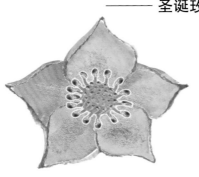

尖瓣

花瓣顶端尖突，花瓣的宽幅不同。也有花瓣彼此不重叠的类型。

圆瓣

花瓣边缘呈弧形，圆润。花朵整体呈圆形。

39

株形的差异主要分为有茎种和无茎种

圣诞玫瑰根据株形又可以分为有茎种和无茎种两种。有茎种在粗壮的茎上生长叶片，再开花，大多数是常绿品种。无茎种是从茎基部伸出花葶（开花的茎）和叶柄，大部分也是常绿品种，其中还有少部分是落叶的原生种。目前可以买到的圣诞玫瑰园艺杂交种大多是无茎种。

品种不同，株形也不同吗？

无茎种

●代表性品种

铁筷子（*Helleborus thibetanus*）
暗红铁筷子（*Helleborus atrorubens*）
博氏铁筷子（*Helleborus bocconei*）
克罗地亚铁筷子（*Helleborus croaticus*）
林生铁筷子（*Helleborus dumetorum*）
圆叶铁筷子（*Helleborus cyclophyllus*）
利古里亚铁筷子（*Helleborus liguricus*）
芳香铁筷子（*Helleborus odorus*）
东方铁筷子（*Helleborus orientalis*）
紫花铁筷子（*Helleborus purpurascens*）
镶边铁筷子（*Helleborus torquatus*）
绿花铁筷子（*Helleborus viridis*）

●代表性品种

科西嘉铁筷子（*Helleborus argutifolius*）
异味铁筷子（*Helleborus foetidus*）
青灰铁筷子（*Helleborus lividus*）
黑根铁筷子（*Helleborus niger*）
土耳其铁筷子（*Helleborus vesicarius*）
黑根×杂交铁筷子（*Helleborus ericsmithii*）
史特尼铁筷子（*Helleborus sternii*）

—— 植株的两种生长方式 ——

**植株蓬松茂密
成丛生长的方式**

花和叶仿佛覆盖住地面一般茂密，在庭院里极具存在感，可以培养成大型植株。

开花时，花朵繁多，非常壮观。叶和花密集，应保留足够的株距。

**植株分枝
横向生长的方式**

根茎横向伸展，花茎的长短也不同，变化多端。

茎部横向生长，适合与其他植物组合栽植或作地被植物栽植。

多数品种花朵华丽，低垂开放，盆栽适宜放在稍高处。

株高较高，可以欣赏到花、叶、茎各自的美。花朵较大。

花瓣上的丰富斑纹

赋予圣诞玫瑰独特的个性

经过反复杂交，圣诞玫瑰产生出许多复杂的花形和纹样。这种不可思议的多变性仿佛是从天而降的礼物，令许多育种家痴迷不已。

圣诞玫瑰的杂交种也就是园艺种，并不像玫瑰和铁线莲那样每个品种都有命名，而是用它们的花形、斑纹和花色来组合称呼。这三者的不同排列组合，造就了圣诞玫瑰无穷无尽的可能性。

圣诞玫瑰花瓣（萼片）上的斑纹有一个特点：萼片 5 ~ 6 枚，外侧 2 枚的斑纹较淡，颜色偏绿。

—— 斑纹 ——

无纹

萼片和蜜腺上都没有斑纹，也就是纯色。可以欣赏花朵纯净的色彩美。

点纹

花瓣上散布细小的斑点，疏密不一，颜色有红色、褐色、黑色、紫色等。

双色

花瓣的正面和反面颜色不同。从不同角度看，观感也不同。

网纹

花瓣上既有点纹也有脉纹，两种斑纹交织成网状。

放射性纹

花瓣中央有密密麻麻的斑点，组成放射性的脉纹。

星状纹

花朵的中心密布点纹。从正面看去，点纹形成一个星星状的斑纹。

复色

花瓣的正面由两种颜色组成。有的品种每一枚花瓣上的色彩构成都不一样。

深色蜜腺

大部分圣诞玫瑰的蜜腺为绿色，但也有深色蜜腺的品种，和花瓣的颜色对比鲜明，十分美丽。

花边

花瓣边缘的颜色较深，形成一条纤细的带状或线状花边。花边细的品种尤为优雅美观。

斑块

比普通斑点更大的斑块密集分布。斑块密度不同，观感也不同。

Part1
圣诞玫瑰园艺杂交种的魅力

圣诞玫瑰杂交种的魅力在于花色、花形和斑纹都十分丰富。现在市面上的圣诞玫瑰杂交种大多数是由无茎原生种杂交而成的，经过多年的品种改良，产生了千姿百态的变异。大部分的圣诞玫瑰园艺种都没有被命名，也是因为它们变化多端、各具特色。可以说，世界上没有两株圣诞玫瑰的花是完全一样的。正是这一特点，让人们更加为圣诞玫瑰而着迷。

粉色

1. 温暖的亮粉色尖瓣花。花瓣带有波浪形边缘，有少许斑点。

2. 鲜艳的粉色单瓣花。花瓣反面是白色，为正反不同的双色花。纤细的脉纹混有极细的斑点，非常美丽。

3. 可爱的粉色重瓣花。花瓣颜色从外侧到内侧逐渐变浅，渐变的色调深富魅力。

4. 华丽的重瓣花。花瓣边缘呈紫红色，外侧的花瓣带有少许绿色。

5. 如樱花般的柔粉色单瓣花。具有浅浅的脉纹，具有原生种的美。

6. 纤细的网纹单瓣花。花瓣整体密布深红色的纹路和细点，令人印象深刻。

7. 6枚花瓣收缩成筒形或杯形的单瓣花。外侧3枚花瓣上的脉纹较深，内侧花瓣的脉纹较浅。

8. 优雅柔美的粉色重瓣花。花瓣带有美丽的点纹。

玫瑰色半重瓣花。花瓣及筒形的蜜腺内侧带有紫色的斑点。

9. 粉紫色的尖瓣花。呈放射状绽开，高贵华丽。

10. 柔粉色的半重瓣花。筒形的蜜腺带有嫩黄色的斑纹，柔美细腻。

11. 半重瓣花。除了花瓣边缘以外都密布大量的斑点，筒状的蜜腺深处也有斑点。

12. 品种名为'伊索尼亚'。花瓣边缘呈波浪形，具透明感的粉色花瓣十分柔美。

13. 重瓣花。少许的绿色斑纹让艳红色花朵看起来更高雅。

14. 圆瓣的粉色半重瓣花。筒形的蜜腺呈粉色，边缘则有少许黄色。

15. 平开的单瓣花。带有蓝晕的粉色花瓣上，酒红色的大斑点鲜艳醒目。

16. 半重瓣花。柔粉色的花瓣上带有黄色的脉纹。花瓣略厚，稳重又可爱。

17. 半重瓣的杯形花。花瓣轻薄，淡黄色的蜜腺非常亮丽。

18. 富有透明感的淡粉色重瓣花。花瓣边缘带红色花边，中心部分有少许棕红色斑点。

19. 重瓣花。花瓣从外到内颜色逐渐变深，渐变的粉色酝酿出优美的气氛。

20. 粉色圆瓣单瓣花。深色蜜腺和褪色般的白色脉纹深受大众喜爱。

21. 粉紫色的单瓣花。花瓣上的星形酒红色中斑极具魅力。

22. 轻柔下垂的重瓣花。花瓣上的粉紫色条纹非常美丽，给人华丽的观感。

23. 柔和的浅粉色平开花朵。蜜腺瓣化，十分独特。

24. 略微下垂的半重瓣花。粉色花瓣中央部分稍带绿色，色泽微妙。

25. 渐变的紫红色单瓣花。鲜艳夺目。花瓣平展，可以清晰地看到中间的深色蜜腺。

26. 可爱的粉色重瓣花。花瓣上密布斑点，仿佛结霜一般的纹样极具特色。

27. 华丽的尖瓣重瓣花。极浅的粉色花瓣上勾勒着一圈粉紫色花边，妩媚艳丽。

28. 筒形的双色单瓣花。花瓣上有紫红色斑点。

29. 重瓣花。圆润的花瓣下垂绽放，花色会从粉色渐变成柔黄色，娇美讨喜。

30. 浅粉色的重瓣花。花瓣边缘颜色较淡。新叶稍带红色。

白色

1. 略带淡绿色的白色单瓣花。花瓣的反面是深酒红色，给人典雅的感觉。

2. 豪华的白色重瓣花。花瓣边缘有着极细的紫色镶边。

3. 可爱的圆形半重瓣花。花瓣带有紫红色斑点。筒形的蜜腺带绿色，十分清爽。

4. 纯白的杯形单瓣花。花瓣中心散布着稀疏的酒红色细点。

5. 单瓣花。花瓣边缘呈波浪形，内侧的 3 枚花瓣密布紫红色的斑块，十分醒目。

6. 平开半重瓣花。花瓣上有着和蜜腺一样颜色的脉络，淡淡的，若隐若现。

7. 半重瓣花。淡紫色的翻卷蜜腺柔美浪漫，花瓣上有淡紫色的纤细脉纹。

8. 杯形的半重瓣花。花瓣随着开放慢慢展开。花瓣、蜜腺都有紫色镶边。

9. 朴素的杯形单瓣花。花瓣上有仿佛水彩颜料晕染出的淡红色纹路，十分美观。

10. 如婚纱般唯美浪漫的白色重瓣花。中间的红色花蕊分外引人注目。

11. 尖瓣单瓣花。花瓣的正面为白色，反面是酒红色，富有情趣。

12. 白色重瓣花。外侧 3 枚花瓣略带绿色，花瓣上细密的红色斑点恰到好处。

白色的杯形半重瓣花。花瓣外缘带纤细的紫色花边，筒形蜜腺内侧呈深紫红色，十分魅惑。

13. 尖瓣单瓣花。纯白的花瓣和深色的蜜腺对比鲜明有趣。

14. 规整的半重瓣花。花瓣圆形，蜜腺黄绿色，清新靓丽。

15. 白色重瓣花。花瓣根部呈绿色，清爽怡人。

16. 数重波浪形花瓣组成如婚纱般立体华美的重瓣花朵。

17

17. 重瓣花。白色圆形花瓣上隐约透出粉色，纤细的酒红色花边高贵雅致，绿色的花蕊则带来一抹清新凉意。

18. 尖瓣重瓣花。花瓣带有紫红色花边，绽放时如娇羞低头的莲花。

19. 尖瓣重瓣花。花瓣略呈黄色，带紫红花边。

20. 尖瓣重瓣花。花瓣正面为白色，带紫色脉纹，边缘呈波浪形。花瓣反面为紫色。

18

19

20

21. 尖瓣重瓣花。带有绿晕的细长花瓣轻盈灵动、华美优雅。

22. 如梅花般的平开圆瓣单瓣花，讨喜可爱。浑圆的花蕾同样可爱。

23. 独特的尖瓣单瓣花。花瓣带有紫红色花边。

24. 杯形双色单瓣花。花瓣正面带有紫色中斑和脉纹，花瓣反面呈通透的酒红色。

25. 平开的单瓣花。花瓣上紫红色的大型斑纹呈放射状，独具特色。

黄色

1. 美丽的杯形花。蜜腺深紫色，花瓣反面亦为深紫色。

2. 重瓣花。蜜腺金黄色，花瓣华美亮丽。

3. 重瓣花。花瓣带纤细而醒目的葡萄紫色花边。

4. 圆瓣单瓣花。柔美的花瓣中间的雄蕊成簇，非常美观。

5. 外侧的5枚花瓣较大，中间的小花瓣雅致可爱。

6. 花瓣重叠得很美观。花瓣反面边缘有紫红色纹路，成熟而优雅。

鹅黄色的重瓣花优雅动人，花瓣上的红色斑点十分美观。

7

7. 典雅的重瓣花。花瓣上散布的紫色斑点增加了华美感。

8. 半重瓣花。花瓣中央有少许斑点，筒形蜜腺边缘有红色线条。

9. 平开重瓣花。质感细滑的花瓣，仿佛能折射光线。

10

8

9

11

13

12

10. 简洁耐看的单瓣花。蜜腺的绿色从花瓣中间晕染开来。

11. 亮丽的黄色平开单瓣花。花瓣上无数细小的斑点构成网纹状的大色块。

12. 平开单瓣花。金黄色的蜜腺色彩鲜明，花瓣内侧的茶褐色斑点烘托出低调的美感。

13. 单瓣花。红褐色的斑块一直延伸到蜜腺，十分独特。

14. 鹅黄色单瓣花。花瓣的颜色很浅，有的近乎白色。

15. 半重瓣花。乳白色略带绿色的花瓣上有细点构成的色块。

16. 华美的淡黄色重瓣花。花瓣边缘有红褐色的花边。

17. 浅黄色尖瓣重瓣花，优雅又奢华。

18. 尖瓣单瓣花。花朵从正面看像一颗星星。花瓣上的大量斑点密集排布形成斑块。

19. 重瓣花。花瓣呈独特的波浪形。还未绽放的花苞外侧为红色。

杏色

1. 下垂平开的单瓣花。花瓣正面为带粉色脉纹的杏色，反面为深红色。深红的蜜腺让花朵显得更立体。

2. 脉纹明显的尖瓣单瓣花。花瓣略厚，花朵端庄清秀。

3. 圆润可爱的杯形单瓣花。花瓣根部有色斑，并向外衍生出脉纹。

4. 华美又醒目的重瓣花。花瓣双色，反面带有红色。

5. 温柔的杯形花。柔和的杏粉色花瓣与黄绿色的蜜腺十分协调。

6. 丰满的多层重瓣花。杏色花瓣略带淡绿，边缘呈波浪形，具有复古感。

7. 单瓣花。花瓣反面呈鲜艳的红色，叶片亦带红色。

8. 杏粉色半重瓣花。筒形蜜腺丰盈华美。

9. 平开形半重瓣花。花瓣为粉红和黄绿交杂的奇妙颜色，花柄较短。

红色 & 紫色

1. 螺旋桨形的半重瓣花。花瓣上浓郁的深紫红色一直延伸到筒形的蜜腺。

2. 亮丽的紫红色半重瓣花。黄绿色蜜腺带有红晕，对比鲜明。

3. 花瓣的颜色由紫色和绿色糅合而成。筒形蜜腺为深紫色，华美富丽。

4. 重瓣花。花瓣细长，花色虽然较深，但光洁明艳。

5. 杯形重瓣花。花色典雅，质感柔和，十分醒目。

6. 重瓣花'拇指姑娘'。植株和花朵都很小巧，花形紧凑。

7. 细长的波浪形花瓣组成的花朵呈浓郁的酒红色，神秘魅惑。

8

9

8. 圆形花瓣组成美丽的半重瓣杯形花。红绿混合的花色十分动人。花量繁多。

9. 尖瓣重瓣花，花形端正。渐变的花色和深色蜜腺神秘魅惑。

10. 单瓣花。紫红色的蜜腺低调优雅。

11. 规整的圆瓣单瓣花。紫色花瓣上有网纹状斑点。花茎粗壮强健。

12. 简洁的单瓣花。紫色花瓣泛着银光，搭配深色的蜜腺，十分和谐。

10

11

12

13

14

16

13. 花瓣繁多的平开重瓣花。花瓣上有因色素褪去而形成的脉纹，仿佛可以透过光线般，明亮动人。

14. 垂吊开放的吊钟形重瓣花。花瓣展开后如波浪般翻卷。

15

15. 杯形双色单瓣花。花瓣正面是类似黑加仑果实的黑红色，反面则为白色。

16. 在细长的花茎顶端开放的半重瓣花。蜜腺边缘带有黄绿色。

绿色

1. 平开单瓣花。蜜腺和花瓣边缘带有紫色，独具风情。

2. 杯形单瓣花。素雅的黄绿色花朵清新雅致。

3. 圆瓣半重瓣花。花瓣边缘和蜜腺带有黄色，短小的蜜腺很有特色。

4. 圆瓣半重瓣花。花瓣和蜜腺的红色边缘带来一丝温暖。

5. 浅绿色单瓣花。花瓣厚实，带罕见的白色花边，近花蕊处为紫红色。

6. 重瓣花的花瓣十分有质感。嫩绿色的花瓣上带有红色的斑点。

7. 单瓣花。雄蕊较大，像睫毛一样扑闪动人。

8. 重瓣花。有林生圣诞玫瑰的特征，花朵十分可爱。黄绿色的花色很清新。

9. 灵动的花瓣上有大量紫色的斑点，引人注目。

10. 圆瓣单瓣花。嫩绿色的花瓣上带红色斑纹，和蜜腺相互映衬，十分优美。

11. 深沉的绿色单瓣花。花瓣上的红色斑点和花边搭配深色的蜜腺，有低调的美感。

12. 花瓣繁多，带红褐色斑点，十分华贵。

13. 单瓣花。花量大，花瓣反面和蜜腺为紫色。

灰色
&
黑色

1. 紫黑色单瓣花。天鹅绒质地的花瓣与黄绿色蜜腺对比鲜明。

2. 重瓣花。带细密褐色斑点的花瓣呈波浪形，犹如镂空的晚礼服。

3. 紫中带灰的尖瓣单瓣花。花瓣间距较大，像螺旋桨。

4

5

4. 近乎黑色的重瓣花中间有黄色雄蕊，对比鲜明，十分美丽。

5. 华丽丰满的紫黑色重瓣花，存在感强，可以作为庭院的焦点。

6. 黑色单瓣花。细看可发现花瓣上密布颜色更深的斑点。

6

7

9

8

7. 圆瓣单瓣花。花色为紫色和蓝灰色交织的色调，非常独特。

8. 在枝头大量下垂开放的重瓣花。如一把把黑色小伞。

9. 黑色单瓣花。简洁的花形和纯净的颜色给人冷艳、高贵之感。

10. 半重瓣花。花瓣边缘略微卷曲，嫩黄色蜜腺同样卷曲。

11. 略带紫红色的黑色重瓣花。花瓣较多，富有质感，酝酿出奢华的气氛。

12. 波浪形花瓣组成的半重瓣花。蜜腺深色，富有神秘感。

13. 具有显著的原种镶边圣诞玫瑰特征，蓝黑色的花瓣可以反射光线。

14. 紫黑色重瓣花。富有质感的花瓣上密布纤细的网纹。

15. 圆瓣单瓣花。花瓣呈独特的蓝紫色。成群开放的小花极具魅力。

16. 圆瓣杯形单瓣花。深紫色蜜腺，叶片也呈美丽的紫黑色。

双色

1. 绿色单瓣花。花瓣上带有紫色斑纹，深色的蜜腺可聚焦目光。

2. 单瓣花。杏粉色花瓣上带有嫩绿色的星形斑纹，清新浪漫。

3. 绿色和玫红色交织的单瓣双色花。每个颜色都很美，颇具存在感。

4. 平开重瓣花。外侧的大型花瓣略带绿色，和内侧的紫色花瓣组成美丽双色花。

5. 紫色和绿色组合而成的圆瓣小花很可爱，花量多。

6. 平开半重瓣花。粉色和绿色糅合的花色很别致。简形的蜜腺十分醒目。

7. 绿色与杏色交织的杯形半重瓣花十分独特，外侧花瓣大。

8. 分量感十足的重瓣花。花色为深紫色与墨绿色的组合。

9. 形似梅花的单瓣花。深绿色与紫色混杂的花瓣别具风情。

10. 粉色花瓣中间带有黄绿色的纹路，优雅浪漫。

11. 优雅的重瓣花。反卷的细长花瓣上带有紫红色条纹。

12. 葡萄紫色的半球形重瓣花。花蕾圆润，形似巨峰葡萄。

13. 平开单瓣花。平展的花瓣上酒红色与绿色交织。

14. 灰紫色和绿色杂糅的重瓣花。叶片也是暗绿色，优雅而又低调。

15. 紫红色重瓣花。外侧花瓣带有绿色，富有韵味。

圣诞玫瑰的百变叶形

原生种

圣诞玫瑰原生种的叶片各具特色。很多园艺杂交种会体现出亲本的原生种特点，了解原生种的特性，就可以了解园艺种叶片的特点。

叶色光亮柔美
中国铁筷子
叶子较大，具有很强的存在感。叶质柔软，亮绿色，富有光泽，叶缘呈锯齿形。

最外面的叶片分裂
暗红铁筷子
叶片分成数枚小叶，最外侧的叶片尖端分裂。落叶性，花后生长叶子。

纤细的叶片
林生铁筷子
叶片由10枚左右的细长小叶组成，具线条美。

叶片细长深裂
博氏铁筷子
叶片较为紧凑，深裂。边缘的锯齿非常醒目。

叶片茂盛
紫花铁筷子
与其他品种相比，叶片更薄、更柔软，但个体差异较大，形状和边缘的锯齿都有差别。

犹如枫叶般的细长叶形
异味铁筷子
叶片生长在开花的茎干下方，小叶细长分裂。揉碎叶子时会散发浓烈的气味。

叶脉如花纹一般突出
青灰铁筷子
带有光泽的深绿色叶片分成三裂，叶面具有淡绿色叶脉，十分素雅。

叶缘锯齿分明
齿叶铁筷子
叶片质感坚硬，边缘具有醒目的锯齿。因原生地不同而有色差，还有花斑叶品种。

肉质厚重
具有光泽感
黑根铁筷子
蜡质的叶片给人厚实的印象。叶色基本为深绿色，也有带斑纹的品种。

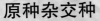

原种杂交种

色泽奇妙
观赏价值高
史特尼铁筷子
分别继承了亲本青灰铁筷子的鲜明叶脉和科西嘉铁筷子的锯齿，十分美观。

和多姿多彩的花朵一样，圣诞玫瑰的叶片种类也同样丰富。
不同的品种叶色、叶形千变万化，可以给花园带来无限的可能。

type 细叶

深裂的细叶型杂交种，保留了较多博氏圣诞玫瑰的特征。

园艺杂交种

由原生种种间杂交而诞生的园艺品种，大多保留了亲本的特征。有时也会突然变异而产生亲本所没有的特征。

type 花边

深绿色的叶片边缘有一圈极细的黄边。

type 白斑

叶片带白色斑纹或零星的白色斑点，也有整片变白的叶片，清新明亮。

type 黄斑

叶片上密布如同打了霜般的黄色斑点，整体呈柠檬绿色，非常好看。

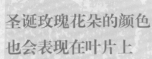

圣诞玫瑰花朵的颜色也会表现在叶片上

既有叶片尖端和花同色的，也有叶片整体和花同色的。这种情况在开放黑色和红色等深色系，以及黄色、金色等亮色系花朵的圣诞玫瑰里比较常见。

1. 花朵金黄色，叶片呈嫩黄色。
2. 花朵紫红色，叶片尖端也呈紫红色，如晕染般的效果。
3. 黑色花，叶片也接近黑色，给人深沉的印象。

奇特花型集锦

花瓣平展，相邻的花瓣分开不重叠，形似桃花。花色浓郁。

单瓣

单瓣花往往给人清爽的印象。花瓣的重叠程度和边缘的形状少许变化，观感就会有很大的改变。

花瓣边缘呈波浪形，带细密的网纹。

正常形态

正常的花瓣有两种，分别是边缘圆润的圆瓣花和边缘尖突的尖瓣花，两种花瓣都是稍微重叠的。

花朵形似桃花，花瓣边缘稍微扭转。

左／花瓣翻转，灵动优雅，十分特别。
下／叶柄纤细，花朵犹如在枝头翩翩起舞。

74

半重瓣

　　蜜腺瓣化是半重瓣圣诞玫瑰的特征。瓣化的蜜腺有的是筒形，有的则平展，赋予花朵独特的个性。

渐变的紫红色花瓣呈螺旋桨形排列。蜜腺带黄色。

细长的花瓣环抱蜜腺，筒形的蜜腺烂漫可爱。

正常形态

膨大的筒形蜜腺。花朵较单瓣花大，但不会过分张扬，优雅又高贵。

花瓣短圆，带有斑点，更突显出蜜腺的存在感。

左／花朵平开，蜜腺不膨大成筒形。下／外侧的花瓣较大，平展。

重瓣

　　萼片瓣化，花瓣边缘的扭曲也各不相同，呈现出千变万化的姿态。

花瓣边缘卷曲，平开，黄色的花蕊非常醒目。

正常形态

瓣化的蜜腺比外侧的5枚花瓣稍小，整体十分均衡。圆瓣和尖瓣都有。

花瓣边缘稍微反卷的重瓣花。绿色花瓣的边缘略带紫色，十分奇妙。

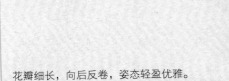

花瓣细长，向后反卷，姿态轻盈优雅。

半重瓣，蜜腺较小。

柔美的波浪花瓣优雅动人，蜜腺也是同种类型。

花瓣短而规整，上面的细条纹十分美观。

搭配植物推荐

春季的草花

春天的草花非常绚丽，能和圣诞玫瑰低调的颜色相配，彼此映衬，两者是很好的搭档。

不同的品种花朵大小、花期各异，在春寒料峭时开花，引人注目。

水仙
石蒜科
株高：15 ~ 40cm
花期：1—4 月

原种仙客来
报春花科
株高：20cm　花期：1—3 月
适合种在排水良好、光线明亮的落叶树下。原生地和圣诞玫瑰一样。

番红花
鸢尾科
株高：15cm　花期：2—3 月
从早春开始不断开花。花朵自然素朴，适合在广阔的地域种植。

细长的叶片青翠繁茂，铃铛状的小花向下开放。

雪片莲
石蒜科
株高：40cm　花期：4 月

葡萄风信子
百合科
株高：15 ~ 20cm
花期：3—4 月
葡萄般的小花成串开放，花色有蓝色和白色等。

花韭
百合科
株高：15cm　花期：3—5 月
叶片形似韭菜，开星形花。气味香甜，非常强健，容易栽培。

雪宝花
百合科
株高：10 ~ 15cm
花期：3—4 月
星星般的淡蓝色小花数朵齐开，花瓣富有透明感，像小精灵般可爱。

多为可爱的小花适合添加在空隙处。

细长的花茎上顶着圆鼓鼓的花球，颜色有粉红色、白色等。注意避免种植在高温多湿环境。

海石竹
白花丹科
株高：30 ~ 40cm
花期：3—4 月

酢浆草
酢浆草科
株高：20 ~ 30cm
花期：10 月至次年 5 月
品种不同花期也不同，也有夏季开花的品种。三叶草形的叶片非常迷人。

角堇
堇菜科
株高：20cm
花期：11 月至次年 5 月
可以从秋季开到来年春季，花色十分丰富。

雏菊
菊科
株高：20 ~ 25cm
花期：3—5 月
纤巧可爱，可以种在庭院各处，增添自然风韵。

密布茸毛的叶片上带有白色斑点，整体仿佛被雪覆盖。注意不能在太过潮湿的环境中种植。

牛舌草
紫草科
株高：30 ~ 40cm
花期：4 月

柔软的枝条上面悬挂数朵荷包形小花，清秀可爱。花色有白色、粉红色。

荷包牡丹
罂粟科
株高：50cm
花期：5 月

勿忘草
紫草科
株高：20 ~ 30cm
花期：4—5 月
植株娇小，花朵细小。群植效果自然，花色有粉红色、白色、蓝色。

报春花
报春花科
株高：15 ~ 25cm
花期：12 月至次年 4 月
早春开花，种类非常丰富，不同品种的形态各异。也有多年生的品种。

初夏～秋季草花

草花的花期来临时，圣诞玫瑰就成了花园里的配角。此时可以将圣诞玫瑰和其他植物搭配种植，让圣诞玫瑰继续成为花园里的美丽存在。

配色 color
根据颜色进行叶片与叶片之间的搭配组合，十分有趣。

叶片上有花斑，花朵小，蓝色，有点像勿忘草的花。要避开夏季阳光直射和多湿的环境。

疗肺草
紫草科
株高：40cm　花期：5—7月

细长的叶片几乎是全黑的。深沉的颜色，纤细的线条，视觉上具有收缩感。

黑麦冬
百合科
株高：15cm　花期：6—7月

叶片颜色、大小、质感、花纹等都因品种而异，适宜种植在开阔的树荫下。

玉簪
百合科
株高：20～50cm　花期：6—9月

明亮的黄绿色叶片不断蔓延生长，夏季开放大量黄花。

过路黄
报春花科
株高：5cm　花期：5—8月

淡绿色的叶片中心聚集着黄色小花。

大戟
大戟科
株高：30～80cm　花期：4—6月

耐阴亦耐寒，夏季种植在树荫下为宜。叶片上的黄色斑纹可以为阴处带来一抹亮彩。

花叶富贵草 / 板凳果
黄杨科
株高：20～30cm　花期：5—6月

喜好半阴环境，叶色丰富，很多是微妙的复古色，有着别致的美。

矾根
虎耳草科
株高：30～40cm　花期：5—7月

form 形状
不同的形状造就富于变化的风景。

叶片深裂，具有清凉感。不喜夏日的强日照和干燥环境，种在半阴处为宜。

升麻
虎耳草科
株高：0.3～1m　花期：6—7月

花叶木藜芦
杜鹃科
株高：1～2m　花期：5—6月
耐寒、耐热亦耐阴，有花斑品种。富有光泽的叶片非常美。

深紫色的大型圆叶在庭院里很有存在感。不同品种的叶片颜色和大小都不一样。

齿叶橐吾
菊科
株高：0.5～1m
花期：8—10月

耐寒耐热亦耐阴。秀丽的细长叶片赋予花园变化感，叶片上的斑纹可提亮环境。

花叶麦冬
百合科
株高：25～30cm
花期：8—10月

height 高度
利用与灌木的高度差进行搭配。

花穗呈金字塔形，淡绿色的花清爽迷人。秋季叶色变红。

栎叶绣球
虎耳草科
株高：1～2m　花期：4—6月

月季
蔷薇科
株高：30cm　花期：5—10月
美丽的花朵从春季开始不断开放，品种非常丰富。

落叶小灌木，艳丽的紫红色叶片很吸引目光。春季棉花糖般的花絮在枝头开放，好似烟雾缭绕。

黄栌
漆树科
株高：2～4m
花期：4—6月

植株蓬松茂密，有分量感。金叶品种更具存在感。

绣线菊
蔷薇科
株高：60～80cm
花期：5—7月

Column

5 著名苗圃的5个独家秘密

每年都有优秀的花苗上市

我们调查了若干个圣诞玫瑰苗圃在育种上的关注点，以及特别关注的品种。

当下值得关注的母本是可爱的林下铁筷子

用作原种杂交的母本，高杉种苗关注的是原种林下铁筷子。其花朵小，花量大，株形紧凑，抗病性、耐寒性都很好，强健，极具魅力。通过杂交，可以培育出许多园艺品种。

高杉种苗

培育既纤柔甜美，又有良好的抗病性 和耐寒性的品种

Q 苗圃的特色是什么？

A 我们执着于培育具有耐寒性和抗病性的品种。选用了在原生地采集的种子，选育习性强健、全新花色的品种。

Q 现在你们关注的品种是什么？

A 原种的林下铁筷子，白色、绿色的独特色调，再加上稍微下垂的姿态，惹人怜爱。小花多花型，抗病性也非常好，对气候适应性也很强，这样有利于培育很多新的品种。

Q 你梦想中的圣诞玫瑰是什么样的？

A 既有灵动的美感，又有强健的习性。

横山园艺

坚强与细腻并存，绝妙的组合深具魅力

Q 苗圃的特色是什么？

A 我们出品强健但又有纤细美感的植株。不对植株进行过多保护，尽量少施肥，不喷洒药剂，让植物自身产生应对寒冷、暑热和干旱的能力。

Q 现在你们关注的品种是什么？

A 原种的中国铁筷子，纤细，花色如日本樱花，花瓣质感如同纸张。我们用园艺种与原种铁筷子杂交，目标是培育出有美丽的花朵，且在日本也容易栽培的品种。我们希望可以培育出让世界震惊的品种。

Q 你梦想中的圣诞玫瑰是什么样的？

A 不会长得过大，花朵小巧可爱的圣诞玫瑰。华丽的大花朵虽然很有魅力，但小花亦值得关注。

野田园艺

充分考虑气候条件，培育健康、有活力的种苗

Q 苗圃的特色是什么？

A 我们供应适合日本气候条件的种苗，因为圣诞玫瑰的原产地以东欧为中心，我们在努力培育适合日本气候条件的改良品种。

Q 现在你们关注的品种是什么？

A 有着光彩夺目的金色蜜腺的黄色品种，让花朵整体的印象更加明亮动人，无论任何人见了都会赞叹。

Q 你梦想中的圣诞玫瑰是什么样的？

A 有香气的品种。希望今后圣诞玫瑰除了花形、花色，在香气上也有更多选择。

堀切园艺

珍惜植物自身的进化力量，同时捕捉个性与缺点

Q 苗圃的特色是什么？

A 我们不想选育完美的花，而是从有点缺陷的花朵中发掘个性，然后发挥它的优点。另外，在品种改良上也尽量保持原有的个性。

Q 现在你们关注的品种是什么？

A 颜色明亮柔美，重瓣的园艺种。这样的花朵在冬季万木萧条的景色里，能温暖人心。

Q 你梦想中的圣诞玫瑰是什么样的？

A 丰满多层的千重瓣，颜色不容易消退的品种。

仙寿园

花色、花型都丰富多彩，植株健壮饱满

Q 苗圃的特色是什么？

A 培育习性强健，花色变化多彩，品质优良的品种是我们的特长。我们对原来的英国品种进行改良，选育东方人喜欢的类型。

Q 现在你们关注的品种是什么？

A 不经过寒冷处理和化学催化等人工干预，在2月就能大量开花的粉色品种。现在我们已有了这样的母本，今后进行繁殖可以得到更多的花色、花型。

Q 你梦想中的圣诞玫瑰是什么样的？

A 不带有紫色调，花瓣质地如丝绒般的大红色花，或者是红色带有白蕊的花，还希望有天蓝色的花。

1

Pop Style

利用姿态优美的
藤本观叶植物
衬托圣诞玫瑰的花朵

　　白色的圣诞玫瑰在阳光下仿佛透明般，花朵中间的瓣化蜜腺卷曲。蜜腺会比花瓣先脱落，非常有趣。和存在感不强的龙面花搭配，更能凸显出圣诞玫瑰纤柔的美感。常青藤和法国茉莉则烘托出自然的氛围。

植 物 清 单

1/ 圣诞玫瑰·白色半重瓣花　1株
2/ 宿根龙面花·紫色　1株
3/ 宿根龙面花·黄色　1株
4/ 角堇　1株
5/ 法国茉莉　1株
6/ 常青藤　2株

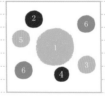

Column

风格各异的 10 个
圣诞玫瑰组合盆栽赏析

　　圣诞玫瑰品种丰富，花朵与叶片千姿百态，和不同的草花与容器搭配时，能够创造出风格各异的组合。

　　下面就一起来看看这些以圣诞玫瑰为主角的组合盆栽吧。

Pop Style

2 在圣诞玫瑰下方散布小花 一起迎接春天的到来

高挑的千层金棒棒糖脚下，点缀着纤细的草花。莱姆绿色和黄色的组合洋溢着青春的气息，这个组合的主角是重瓣的白色圣诞玫瑰。通过恰到好处的株形搭配造就了这个充满吸引力的组合盆栽。

植 物 清 单

1/ 圣诞玫瑰·白色重瓣花　1株
2/ 千层金　1株
3/ 水仙　1株
4/ 鬼针草　1株
5/ 花叶天竺葵　1株
6/ 过路黄　1株
7/ 微型月季'绿冰'　1株
8/ 常青藤　1株

Pop Style

3 协调美观的株形和颜色搭配 点亮了环境

选用花色独特的牛至和大戟搭配稍稍带有杏色的圣诞玫瑰，这种精彩的配色让萧瑟的冬季庭院也变得轻快起来。灵动的悬钩子藤条，赋予画面轻盈的动感。

植 物 清 单

1/ 圣诞玫瑰·杏色单瓣花　1株
2/ 牛至　1株
3/ 牛至'肯特美人'　1株
4/ 大戟'紫叶'　1株
5/ 南天竹　1株
6/ 筋骨草　1株
7/ 悬钩子　2株

楚楚可怜的下垂姿态，造就更加惹人怜爱的高雅组合

Elegant Style
用灰蓝色的容器映衬优美的粉色花朵

4

做旧的白桦木容器里组合种植了各种灰色调叶片的植物。鳞叶菊蓬松的银叶、薄荷紫铜色的叶片，营造出优雅、沉着的基调，在其中俏皮挺立的是淡粉色圣诞玫瑰，其带有透明感的花朵姿态娇羞，令人着迷。

植 物 清 单

1/ 圣诞玫瑰·粉色重瓣花 1株
2/ 微型月季 '绿冰' 1株
3/ 鼠尾草 '黑花' 1株
4/ 马蹄金 1株
5/ 鳞叶菊 1株
6/ 天竺葵 1株
7/ 忍冬 1株
8/ 薄荷 1株

Elegant Style
运用疗愈的蓝色系
打造层次丰富的组合盆栽

5

两种柔美的三色堇搭配在一起，实现了渐变的蓝色组合。白色单瓣的圣诞玫瑰，在一片蓝色中显得淡雅脱俗。以清纯的白色柳穿鱼作为背景，在其中添上一枝紫红色的银合欢，与三色堇相映成趣。

植 物 清 单

1/ 圣诞玫瑰·白色单瓣花 1株
2/ 三色堇·淡蓝色 2株
3/ 三色堇·蓝色 1株
4/ 银合欢 1株
5/ 柳穿鱼 1株
6/ 天鹅江菊 1株
7/ 薰衣草 1株

植 物 清 单

1/ 圣诞玫瑰 '贝蒂女士' 1株
2/ 微型月季 '绿冰' 1株
3/ 角堇 1株
4/ 蜂室花 1株
5/ 常青藤 1株
6/ 苔草 1株

6

Elegant Style

白色与绿色的清纯组合
利用观叶植物的线条
增添了纤细的美感

　圣诞玫瑰 '贝蒂女士' 具有独特的清纯感，白色的重瓣花犹如洁白的婚纱。其他植物都选用了颜色低调的品种，小朵的微型月季 '绿冰' 好像送去祝福般在叶丛里露出面容。选用铁艺花篮更增添了柔美之感。

7

Cool Style

如花坛般的配色
具有自然的野趣

典雅的长方形容器因植物变得柔和，
矾根、筋骨草雅致的铜色叶片也与容器
互相呼应。在黯淡的叶色里，仿佛喷涌
而出的白色蜂室花带来清新的美感，也
进一步衬托出圣诞玫瑰和蓝盆花。

植 物 清 单

1/ 圣诞玫瑰·粉色单瓣花　2株
2/ 非洲罗勒　1株
3/ 微型月季'绿冰'　1株
4/ 薰衣草'齿叶'　2株
5/ 筋骨草　1株
6/ 蜂室花　2株
7/ 马蹄金　1株
8/ 矾根　1株
9/ 蓝盆花　1株
10/ 宿根柳穿鱼　3株

Cool Style

用深沉雅致的颜色
打造成熟的观感

8

深色的圣诞玫瑰存在感很强，三色堇和
黑龙麦冬也是深色系，营造雅致的韵味。将
红叶的马醉木牵引到小树枝组成的支架上，
强调出柔美的线条感。黑龙麦冬的叶片线条
利落，引人注目。

植 物 清 单

1/ 圣诞玫瑰·红色单瓣花　1株
2/ 酢浆草'冰激凌'　2株
3/ 三色堇　1株
4/ 金丝桃　3株
5/ 矾根　1株
6/ 黑龙麦冬　1株
7/ 马醉木　1株

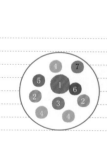

9

仿佛在野外绽放的花朵
具有宁静的和风之美

　　原种的圣诞玫瑰如梅花一般，黄色的花朵极具魅力。这是不耐寒的品种，最好放在室内欣赏。底下铺设了绿色苔藓，营造出宁静的氛围。

植 物 清 单

1/ 圣诞玫瑰·黄色单瓣花	1株
2/ 酢浆草	3株
3/ 筋骨草	1株
4/ 小型筋骨草	2株
5/ 婴儿泪	2株
6/ 苔藓	

C o o l   S t y l e

在低处开放的黑色花朵
衬托出圣诞玫瑰的美感

　　这个组合的主角是重瓣的粉色圣诞玫瑰，与粉色三色堇遥相呼应，下方的黑色角堇则打造出动感。高挑的千层金与花盆边缘垂下的悬钩子，都是会变成红叶的品种，叶色的变化为这个组合盆栽带来了更多变化。

植 物 清 单

1/ 圣诞玫瑰·粉色重瓣花	1株
2/ 三色堇·粉色	2株
3/ 角堇·黑色	2株
4/ 千层金	1株
5/ 常春藤	1株
6/ 悬钩子	1株

10

Part 2　了解圣诞玫瑰的原生种

圣诞玫瑰多原生于欧洲、西亚，中国亦有分布。东欧有众多的原生种，每种都具有适合当地气候和风土的特性，观察对比乐趣多多。相比园艺杂交种，原生种的栽培相对较难，但只要精心呵护，它们也能在花园里绽放美丽的花朵。我们可以在圣诞玫瑰的原生种窥探到自然造物的神奇。

了解不同原生地的特点

原生于波斯尼亚和克罗地亚的镶边铁筷子、绿松石铁筷子彼此杂交后产生的品种颜色跨度很大，株形和大小也不同。

在牧场上静静开放

孕育了众多圣诞玫瑰原生种的克罗地亚牧场，有的地方还残留很多之前战争留下的地雷。

与风景交融的自然野趣深富魅力

圣诞玫瑰在牧场上、岩石堆里或是草丛中悄悄开放。右图中是镶边铁筷子和多裂铁筷子的自然杂交种。

与朴素可爱的野花共生

上／在明亮的坡地和林地里自生的利古里亚铁筷子。
下／喜好同样环境的报春花与猪牙花。

黑根铁筷子

中国铁筷子

了解原生地的环境

才能更好地了解品种的特性

圣诞玫瑰的原生种大致分布于以意大利、瑞士、奥地利为中心的欧洲全域，再延伸到地中海沿岸、里海沿岸，以及中国等地。以巴尔干半岛为中心的东欧，生长着大量原生种，但是这里遗留着大量战争时期的地雷，采收种子非常困难。巴尔干半岛夏季气温比日本要低5℃左右，降雨量却只有日本的1/2。因此，圣诞玫瑰原生种比园艺杂交种更加不耐高温高湿，可以说这是与生俱来的特性。

大多数圣诞玫瑰原生种都生长在落叶树木下、坡地，这也是圣诞玫瑰适合种在坡地的原因。另外，圣诞玫瑰常常给人喜好荫翳的印象，实际上它们也并不全生长在树荫下，有些品种例如多裂铁筷子就生长在开阔、明亮的牧场。

在原生地与圣诞玫瑰共生的植物有牛唇樱草、仙客来、猪牙花、疗肺草、番红花等，都是喜好阴凉的植物，由此也可以看出圣诞玫瑰原生种对环境的喜好。

利古里亚铁筷子

异味铁筷子

富有野趣，花姿美不胜收

令人向往的
原生种目录

　　圣诞玫瑰原生种之美在于气质素雅，花朵、叶片、株形都很简洁，又富于变化。

　　在这里我们介绍具有代表性的 16 个圣诞玫瑰原生种的特性和栽培方法。每个原生种的特性都会被很多园艺种继承，我们利用了小图标来表示它们的生长特性，让它们更加一目了然。尝试将喜欢的品种种到庭院里吧。

种植难易度

容易　　较容易　　普通　　较难　　难

生长速度　　　　　　　叶片种类

快　　普通　　慢　　常绿　　落叶

多花，长期开放

科西嘉铁筷子　*Helleborus argutifolius*（有茎种）

原生地：科西嘉岛、撒丁岛　花色：淡绿色　花朵直径：3～4cm
株高：60～120cm　发芽至开花：约 2 年

开放像梅花一样的绿色小花，叶片边缘具尖锐的锯齿。和其他原生种相比，更适宜生长在日照好的地方。但斑叶品种不耐强烈日照，应在阴凉处种植。植株较高，容易倒伏，最好设立支柱。植株大，需肥料多。新的茎干上生出花芽后，老的茎干会自然枯萎，剪掉为宜。

具有原生种的朴素之美

绿花铁筷子　*Helleborus viridis*（无茎种）

原生地：意大利北部、奥地利
花色：深绿色　花朵直径：4～5cm
株高：30～40cm　发芽至开花：4～5 年

花量大，花朵深绿色，花瓣有圆形和尖形两种。叶片密集，半常绿，丰满紧凑，开花时落叶。生长慢，习性强健，容易培育。根系发达，最好用大盆栽培。

颜色多样，多双色花

暗红铁筷子　*Helleborus atrorubens*（无茎种）

原生地：斯洛文尼亚、克罗地亚
花色：紫色、绿色、带灰的紫红　花朵直径：2～4cm
株高：30～45cm　发芽至开花：约 5 年

开花早，老叶很早就枯萎，在新叶尚未萌发时开花。花量大，花瓣多正反两面不同色，也有带花边和脉纹的品种。不耐高温高湿，早春后应及时遮光。

鲜艳的红色花斑令人印象深刻

土耳其铁筷子 *Helleborus vescarius*（有茎种）

原生地：土耳其、叙利亚　花色：淡绿带有红色　花朵直径：2cm
株高：40cm　发芽至开花：6～7年

生长慢，从发芽到开花需要很长时间。夏季落叶休眠，10月发芽长叶，春季开淡绿色带有红色斑纹的可爱小花。生长在沙漠里，耐干燥，根系粗大。休眠期湿度高会腐烂，应栽种于干燥环境中，淋不到雨的屋檐下最适合。种荚大，但是种子只有几粒，放置几年也可发芽。

点纹和块纹的来源

东方铁筷子古塔塔斯变种

Helleborus orientaris subsp. *gultatus*（无茎种）

原生地：乌克兰　花色：奶油色、黄色、复色
花朵直径：5cm　株高：40～50cm
发芽至开花：2～3年

东方铁筷子习性非常强健，生长迅速。其中，其古塔塔斯变种的花朵上带有紫红色斑纹，带有点纹和斑纹的杂交种都是从它演变而来的。叶片厚实，带有光泽，冬季不枯萎。

习性强健、容易栽培

芳香铁筷子

Helleborus odorus（无茎种）

原生地：斯洛文尼亚、匈牙利、罗马尼亚、波斯尼亚、黑山
花色：绿色、黄绿色
花朵直径：5～7cm
株高：30～50cm
发芽至开花：约3年

花形、大小、花色都因生长环境不同而有所差异，但是多数是带有香气的绿色花朵，其中部分花带有草腥气或不带香气。美丽的花朵在花园中颇受欢迎。植株中等大小，半落叶。习性强健，生长快速，在强日照下也可以生长。新芽随着生长会慢慢减少，看到这种现象就应分株解决。

颜色的变化非常丰富

克罗地亚铁筷子

Helleborus croaticus（无茎种）

原生地：克罗地亚　花色：紫色、复色
花朵直径：2～3cm　株高：10～25cm
发芽至开花：4～5年

分布范围较窄，叶片、花色、花形、株形的变化都较少，和暗红铁筷子相似，但是花瓣和苞叶的背面生有细毛。无茎种中的小叶品种，开花时老叶枯萎，多在无叶的状态下开花。开花性佳，有花瓣带脉纹的品种。

具有东方美

中国铁筷子

Helleborus thibetanus（无茎种）

原生地：中国　花色：白色、粉红（有的品种
带有红色脉纹）
花朵直径：4～6cm
株高：30～50cm　发芽至开花：6～7年

东亚唯一的原生种，特征是叶片比花晚出。在原生地3月开花，花蕾最初出现在地表，
随着开放花茎逐渐上挺，大朵的铃铛形花花色随着开放变化，最后变成绿色，很有魅力。
在潮湿的林下生长，不耐高温干旱。夏季落叶休眠，要避免阳光直射和干燥环境。

小花、多花，可爱

林生铁筷子

Helleborus dumetorum（无茎种）

原生地：斯洛文尼亚、克罗地亚、匈
牙利、奥地利、罗马尼亚　花色：绿色
花朵直径：1.5～3cm
株高：15～30cm　发芽至开花：3～4年

原生于草丛里，植株也像草丛般密集，夏季比其他品种更早落叶，冬季长出花和
叶片。植株低矮紧凑，呈圆拱形。叶片五裂，细长，多而密集。开放大量可爱的
小花，有重瓣花和半重瓣花的变异个体。不耐闷热，宜栽种在通风好的地方。

颜色变化丰富

镶边铁筷子

Helleborus torquatus（无茎种）

原生地：波斯尼亚、克罗地亚、塞尔维亚、黑山　花色：紫～绿
花朵直径：3～4cm　株高：30～40cm　发芽至开花：4～5年

花形、花色都很丰富，单瓣花及重瓣花皆有。叶片带
有紫色，整体给人深沉的印象。生长慢，植株不会长
得过大，适合盆栽。冬季落叶，春季开花，地栽时要
注意排水，避免阳光直射。

圣诞玫瑰一词的来源

黑根铁筷子

Helleborus niger（无茎种）

原生地：意大利、斯洛文尼亚、克罗地亚、德国、瑞士、等国的山地
花色：白色，也有带粉色的　花朵直径：3 ～ 5cm
株高：20 ～ 30cm　发芽至开花：约 2 年

因根是黑色而得名，兼具无茎种和有茎种的特征，也是众多杂交
种的亲本。在欧洲的花期是圣诞节过后。一茎开放数朵花，花
朵纯白色，和黄色花蕊的对比非常美丽。厚实的光亮叶片常绿。
不耐直射阳光，不耐高湿环境，注意排水。花后结果实多。

双色花的亲本

异味铁筷子

Helleborus foetidus（有茎种）

原生地：英国、德国、匈牙利、法国、瑞士、意大利、西班牙、葡萄牙
花色：浅绿色　花朵直径：1 ～ 1.5cm　株高：50 ～ 100cm　发芽至开花：2 ～ 3 年

在挺拔的植株顶端开放铃铛形的绿色小花，带有草腥气。叶片多裂，
根系少，不耐高湿环境，宜种植在淋不到雨的地方，或是用排水性好
的基质盆栽。开花后花茎会枯萎，不采收种子的话应尽早剪除。

双色花的亲本

紫花铁筷子

Helleborus purpurascens（无茎种）

原生地：匈牙利、罗马尼亚、波兰、摩尔多瓦　花色：带绿色的紫色
花朵直径：4 ～ 6cm　株高：10 ～ 30cm　发芽至开花：3 ～ 4 年

比其他原生种的花期早，在地面出蕾，花茎慢慢上挺。花色以紫
色为主，带有绿色，非常美观。叶片也带有紫色，形状多样。落
叶早，大多在带叶子的情况下开花。有双色花（正面绿色、反面
紫色）和正反两面都带蓝紫色的花。

能耐高温，不耐多湿

博氏铁筷子

Helleborus bocconei（无茎种）

原生地：意大利　花色：黄绿色
花朵直径：2 ~ 4cm　株高：25 ~ 35cm
发芽至开花：4 ~ 5 年

花瓣、叶片都很薄，叶柄纤细，叶片带锯齿，可以保留到较晚时候。株形呈圆拱形，紧凑。开花早，花朵中等大小，与新叶同时萌发，有的带有清新的柑橘香气，长成大株后开花性佳。耐热性较好，在干燥的环境中可以健康生长。

不耐寒冷，也不耐高温多湿

青灰铁筷子

Helleborus lividus（有茎种）

原生地：西班牙　花色：豆沙色~绿色
花朵直径：1.5 ~ 2cm　株高：20 ~ 40cm
发芽至开花：约 2 年

常绿的叶片上带白色叶脉，给人低调的印象。花朵像梅花，花色丰富，从豆沙色到绿色均有，随着开放慢慢变成红色。生长快，耐寒性稍弱，也不耐高温高湿，没有开花的茎会在下个季节开花，不要剪掉。

习性强健

利古里亚铁筷子

Helleborus liguricus（无茎种）

原生地：意大利　花色：白色、淡绿色　花朵直径：3 ~ 4cm
株高：30cm　发芽至开花：3 ~ 4 年

原生于意大利北部的利古里亚地区，株形比园艺种更加紧凑。花朵比其他原生种大，平开，有浓郁芳香气息，可以作为带香气品种的亲本。冬季开花时叶片不掉落。习性强健，容易栽培，适合新手。植株外部容易萌发新芽，中间部分反而会长势不佳，这时可用分株更新。

值得关注的原种杂交种

原种种间杂交而诞生的新品种，近几年格外受关注。

具有双亲的优良性质，样子可爱动人，这样的花朵你会喜欢吗？

| 种（有茎种） ✕ 原种（有茎种） | 原种（有茎种） ✕ 原种杂交种（有茎种） | 原种（有茎种） ✕ 园艺杂交种（无茎种） |

西嘉铁筷子 ✕ 青灰铁筷子

史特尼铁筷子

Helleborus X sternii（有茎种）

色：黄色~绿色 花朵直径：
~ 2.5cm 株高：30 ~ 60cm
芽至开花：1 ~ 2年

在干顶部着生大量杯形花，花
多为淡黄色和绿色，略带紫
。叶片青灰色，三裂，边缘
具锯齿。耐热性好，亦耐半阴，
易栽培。花后茎干枯萎，从
里重新长出花朵。

黑根铁筷子 ✕ 史特尼铁筷子

艾里克史密斯铁筷子

（*Helleborus X Ericsmithii*）

花色：白色 花朵直径：5~7cm
株高：40cm

株形类似黑根铁筷子。花朵初
开为象牙白色，随着开放渐变
成豆沙色。叶片有少量锯齿，
习性强健，宜在日照良好处栽
培。不能结种，只能分株繁殖。

黑根铁筷子 ✕ 科西嘉铁筷子

'情人节小清新'

Helleborus X nigercors 'Varentaine Green'（有茎种）

花色：绿色 花朵直径：3 ~ 5cm 株高：30 ~ 40cm

生长旺盛，习性强健，因在情人节前后开花而得名。花量大，花朵初
开为白色，随着开放渐变成绿色。耐寒性、耐热性都很好，不结种子，
多用分株繁殖。

黑根铁筷子 ✕ 圣诞玫瑰园艺种

'白雪公主'

Helleborus X hybridus 'Snow White'（无茎种）

花色：白色 花朵直径：4 ~ 5cm 株高：20 ~ 30cm
发芽至开花：2 ~ 3年

既有圣诞玫瑰园艺种旺盛的生命力，又有和黑根铁筷子一
样的早花特性。不能结种，开花性好，习性强健。

第 3 章

【栽培知识】

度过和圣诞玫瑰 友好相处的 12 个月

　　圣诞玫瑰看似高雅柔弱，其实是特别强健且容易栽培的植物。不过，要想欣赏美丽的花朵，还是需要一些技巧。在这里我们以盆栽和地栽两种方法来介绍配合圣诞玫瑰生长节奏而开展的必不可少的养护工作。这是初学者也能了解并轻松掌握要点的全年工作流程。

※ 本书介绍的养护操作时间以日本关东地区为准。

月	1	2	3	4	5	6	7	8	9	10	11	12
生长状态		开花期			生长期		停滞期		充实期			
放置地点 地栽			向阳处				常绿树下（散射光）			向阳处		
放置地点 盆栽			向阳处				半阴处（遮光50%）			向阳处		
浇水 地栽												
浇水 盆栽												
肥料 地栽												
肥料 盆栽												
主要工作	最适期		种植、移栽、分株 采收种子				适期		种植、移栽		播种 剪除老叶	

1、2、3 月

尽情赏花

开花期

对于园丁来说最快乐的开花时节。此时有大量开花苗出售，也是适合初学者购买花苗的季节。

→ P.96

4、5、6 月

促进植株生长

生长期

这段时间的工作对于植株第二年的生长是非常重要的。此时应了解植株的状态，完成必要的养护工作。

→ P.97

7、8 月

储存能量

停滞期

盛夏，圣诞玫瑰进入生长停滞期，此时不需要过多的养护工作，注意浇水并选择合适的摆放地点。

→ P.102

9、10、11、12 月

静候花开

充实期

为冬季开花做好准备工作，为了让花朵更丰满要追肥，剪除老叶，让植株储存营养，以促进开花。

→ P.103

开 花 期

不需要进行养护工作，尽情感受
圣诞玫瑰花朵的魅力。

植株的选择方法

◎在值得信赖的店铺购买
◎选择茎干粗、不易倒伏的花苞

Point

【 选 择 植 株 的 方 法 】

选择芽和叶子数量少、茎干粗壮、叶子大的植株，避免选择叶子变色和长势孱弱的植株。

茎干粗、壮实的植株

柔弱的植株

长 时 间 赏 花 的 秘 诀

开花一段时间后子房开始膨大，放置不管的话会给植株造成负担，应该尽早摘除子房。也可以把花一起剪掉，但是如果不舍得，只摘除子房效果也是一样的。

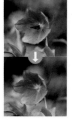

蜜腺脱落后子房
就会膨大，仅摘除
子房就可以了。

▼ 什么是子房？

雄蕊下方膨大的部分，会结出种子。

开花植株大量上市，尽情欣赏花姿

圣诞玫瑰的开花期是冬季到次年早春，在萧瑟的冬季庭院里，尽情欣赏可爱的花朵吧。

实体园艺店和网上都有很多圣诞玫瑰花苗可供选购，既有不带花的小苗，也有已开花的大苗。不带花的小苗价格便宜、状态好的来年可以开花。如果是初学者，建议首先从容易培育的开花株入手更好。

圣诞玫瑰的花苗从园艺店、大型种苗公司等处都可以买到。选择壮实、茎干粗、叶片有活力的植株。

【 植 株 的 种 类 】

○不带花的盆苗 ···················· 未开花植株

价格便宜，若植株状态好，多数可以在次年开花。

○带花的盆苗 ···················· 开花植株

选择5枚花瓣颜色、形状都很均衡的植株。

花瓣均衡美
观的重瓣花，
形态很和谐。

5个花瓣形状
不统一，变形。

种植、放置的地点

◎秋季至次年春季放在向阳处管理

Point

地栽的时候，宜种植在落叶树下这种秋冬有阳光、夏季半遮阴的地方。盆栽时，宜放在全年通风好、不闷热的地方。

4、5、6 月

生 长 期

这个时期植株生长迅速，恢复快，适合进行修剪等养护工作。

植株旺盛生长，根系也准备扩展

欣赏完花之后，就到了对植物表示感谢来照顾它的时候了。及时修剪残花可以减轻植株的负担，让它尽早恢复体力。如果保留残花不修剪，新芽的生发就会减缓。

另外，这个时期也是一年中根系生长最活跃的时期，种植、移栽、分株等工作都可以在此时完成。要确认种植地点一年中的光照和通风条件。地栽的话，春季光照充足、夏季有半阴的落叶树下最为适宜。盆栽则在梅雨结束前都应放在日照好的地方管理。

圣诞玫瑰是宿根植物，植株每年都会长大。可根据庭院的空间，决定是让它长成大植株还是分成小株栽培。

浇 水

◎盆栽待盆土表面干燥后浇水
◎地栽基本上不用浇水

Point

盆栽的圣诞玫瑰在盆土表面干燥后，于早晨或晚上浇水直到底孔有水流出，每两天浇一次。根系长大后，容易缺水，要注意及时浇水。地栽基本不用浇水。

剪除花柄（4 月）

◎保留距离土表 1 ~ 2cm 的花茎
◎秋季剩下的老叶也一起剪掉

Point

如果一直保留残花，新芽就很难发出来，4 月中旬应该把花柄都剪除，这样才能促进植株生长。不换盆的话，这时还应该添加固体肥料以追肥，以进入 7 月生长停滞期前肥料正好消耗完为宜。

Before　　　　　　　**After**

▼ **什么是花柄？**

花朵下方的茎。

有茎种的修剪方式

异味铁筷子这类带有很多花的有茎种，所有的花都会结种子，比无茎种的负担更重，因此，更要及时修剪。保留新芽，从叶片上方把花柄平齐剪除就可以。

◎生长期的追肥

通用的肥料
（N：P：K=12：12：12）
含有速效肥和缓释肥两种成分，可以持续发挥两个月左右的肥效。

种植（4—5月）

无论地栽还是盆栽，种植圣诞玫瑰的最佳时期都是在冬季。如果错过这个最佳栽种时机，则要避免在植株休眠的夏季种植，改为生长旺盛的4—5月或即将开花的10月种植。种植时需加入有机肥料作基肥。

【 地 栽 】

玫瑰或落叶树冬季落叶后下方日照良好，夏季叶片繁茂又让下方形成了半阴处，这样的环境种植圣诞玫瑰最为适宜。在玫瑰与玫瑰之间栽培圣诞玫瑰也很不错。

1

深翻土壤，加入堆肥或是腐叶土做成的基肥，挖一个比根团稍大的种植穴。

2

根系紧密盘结，需用剪刀轻轻挑开根系底面和侧面。

3

在植株周围培土，注意土壤不要完全遮住叶柄的基部。轻轻用手压实。

4

耙平表面，浇水，完成。

从种子开始培育

圣诞玫瑰生长旺盛，容易自然杂交，如果是希望保持独特个性的珍稀品种最好用盆栽来培育。如果还想继续繁殖，也可以采收种子来播种。但是结种子会消耗植物的体力，一棵植物保留1～2朵花来采种就可以了。

子房像豌豆一样膨大，结出种子。

种子的采收方法

在种荚开裂、种子散落之前，用无纺布袋子或茶叶包盖住枝头，收口处用订书机钉牢。

子房会像气球一样膨大，在其破裂之前采收种子。播种用土可用小粒赤玉土或是播种专用土，在次年的2—3月发芽，在此之前都要注意保持土壤湿润，不要干透，放在阴凉处管理。

如果不采收种子就会……

散落的种子会大量发芽，园艺种发芽率很高，但也有发芽困难的品种和不结种子的品种。

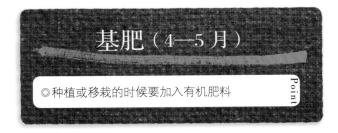

基肥（4—5月）

◎种植或移栽的时候要加入有机肥料

种植或者移栽的时候，预先放入土壤里的肥料叫作基肥。基肥可以长期为植物提供养分，保证植物的健康生长。因此，基肥应该选择缓释性的肥料，也可以用圣诞玫瑰专用的有机肥。

在加入基肥的营养土里混入活性剂溶液，保持土壤湿润。

【　盆　栽　】

种植用土采用预拌好的营养土或是专用土为宜。也可在土壤里加入活性剂，增加生长活力。

在盆底加入小石块，图中用的是轻石。如果底孔小就多放些石头，以提升排水性。

根系拥挤的话，用剪刀剪开育苗钵，拿出根团，稍微松开根系。

在花盆里加入土壤，预留出花盆上方浇水的空隙，放进植株。填充土壤至合适的位置，完成种植。

播　种

采收种子后，立刻在小花盆里每盆撒2～3粒，覆土1cm厚。

在育苗钵中播种。

2～3周发芽，生出2片子叶。

长出2片真叶后就可以上盆。每盆栽种1株。

了 解 实 生 苗 的 生 长 过 程

从播种到开花，至少需要3年时间。

1～2年　　2～3年　　3～4年

圣诞玫瑰是宿根植物，每年都会生长，盆栽容易发生根系盘结，会导致植株长势变弱，花量减少，因此应2~3年翻盆1次，在4—5月的生长期更换到大2圈的花盆里种植。经常移栽换盆，可以促进根系的生长，植株也更容易长成大株。

Before

生长3年的苗。

1 将花盆倒过来，轻轻敲击盆底和边缘，更容易拿出花苗。

2 准备比原花盆大2圈的花盆。

3 用剪刀戳散土团，剪掉变黑枯死的根系。

4 小心去掉土壤直至根团呈完全松散开来的状态，不同植株生长状态会不同。

5 土壤最好使用专用的培养土并添加基肥。

6 在喷壶里稀释活力剂。

After

留下1~2cm的盆边距。因为土里加入活力剂后比较湿润，2~3天后再浇水即可。在阴处缓苗1周。

7 把活力剂喷洒在准备好的土里，搅拌均匀。

8 在花盆里放入底石，排水孔小的盆要多加些底石。

9 在花盆里加入拌好的土壤，松散根系后将植株种下，叶柄基部应比土面略高。

提高排水性，促进根系生长

如果盆孔过小可以将迷你陶盆放在盆底，在上面铺一层底网，再加入盆底石来改善排水。

左图中的花盆是8号盆，现在植株已经很大了。经常换盆可促进植株生长。

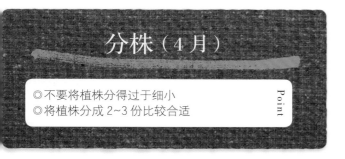

分株（4月）

◎不要将植株分得过于细小
◎将植株分成 2~3 份比较合适

Point

无论是地栽还是盆栽，如果植株生长开始显得拥挤，就应该进行分株。在根系活跃的生长期，植株的恢复能力很强，适合进行分株。切分时把原来的植株分成 2 ~ 3 份，一株带有 3 个芽头为宜，如果希望植株第二年就开花，则带有 5 个芽头为宜。如果分割得过小，则植株体力弱，可能无法开花。

Before

花期过后的植株。

1

在比较容易分开的中间位置插入剪刀。

2

用剪刀剪开根系。

3

一直剪到底部。

4

用剪刀挑开盘结的根系。

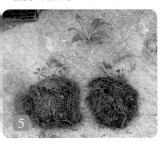

5

松散根系，将其分成两团。

6

种植到花盆里，分成两钵。种植方法详见 P99。

圣诞玫瑰的两种生长方式

圣诞玫瑰的生长有聚集成球形丛生和横向伸展枝条两种类型。了解植株的生长方式，才能正确进行分株。

呈球形生长的类型

从中央处分成两份，这个类别适合群植，容易培育出大植株。

横向发展的类型

向左右两边横向扩展生长的类型，中心部分叶片少，从这里分开为宜。

7、8月

停 滞 期

秋冬季开花前植株生长缓慢，积攒
能量。

高温高湿季节必要的管理要点

从梅雨季结束到 7 月中旬的这段时
间，应给予圣诞玫瑰充足日照，让它通过
光合作用长成壮实的植株，迎接停滞期。

实际上植株此时并不是在休眠，不可
缺水，一旦表土干燥就要及时浇水。圣诞
玫瑰进入生长停滞期后，比较不耐暑热，
地栽可进行 50% 左右的遮光，盆栽则可
移动到半阴处。

日本的夏季高温高湿，闷热会造成
根系腐烂，盆栽的话要放在通风好的地
方管理。最好在花盆下方垫一个台子，
直接放地面的话通风不佳，还可能导致
植株因闷热而死亡。

种植、放置地点

◎在梅雨结束前都可以放在向阳处
◎进入停滞期后要放在没有阳光直射的半阴处管理

Point

圣诞玫瑰多原生于落叶树下，种植在夏季有散射光、冬季有
阳光的地点最佳。原生种异味铁筷子在梅雨季节过后不耐高温高
湿，应放在屋檐下等淋不到雨的地方。

注意 50% 的遮光

利用遮光帘进行遮阳降温，
或把盆栽放在北边的阴凉
处，不要忘记浇水。

如果将圣诞玫瑰种在落叶树下
可能会和树木的根系相互影
响，要种植在距离树干稍微远
点的地方。

浇 水

◎气温高，叶子的蒸腾作用和表土水分蒸
发严重，植株容易缺水

Point

圣诞玫瑰进入停滞期后，根系还在生长，所
以必须浇水。盆土表层干燥后，除了中午，早晚
都可以浇水，有时需要一天浇两次。地栽的话如
果天气持续晴朗，叶片有些蔫了就要浇水，只要
不是蔫得太严重，浇水后一般都可以恢复。

万一缺水了怎么办?

叶片看起来好像完全枯萎了，但是根系还活着，到了秋季还会发出
新芽，但叶子恢复生长需要很多能量，因此花量可能会减少，甚至
完全不开花。

1 缺水时的状态，叶子干
枯变成褐色，把这样的
叶子剪掉。

2 剪掉叶子后，蒸发减
少，浇水量可比平时少
一些。

3 充分浇水。开始只浇水，
后面可慢慢添加活力剂，
秋季会长出大量叶子。

9、10、11、12 月
充 实 期

夏末秋初，植株的生长变得活跃，
春季没完成的工作可以在此时进行。

恢复生长的时期，宜进行施肥和剪除老叶
等养护工作

度过生长停滞期后，圣诞玫瑰在9月进
入旺盛的生长期，这个时期要进行追肥，促
进植株生长。

进入12月后，园艺杂交无茎种即将迎
来花期，此时应剪掉发硬的老叶，给予花芽
更好的光照，让花芽挺立。虽然有个体差异，
但多数圣诞玫瑰可以在1个月左右就挺出花
芽。大约在剪除老叶前1周进行最后的追肥，
可以促进植株多开花。

另外，4月没有完成的移栽、分株工作，
可以在9—10月完成。

剪掉园艺无茎种的老叶（除了未开花植
株），有利于植株内部得到光照，促进花芽挺
拔生长，形成更好的观赏效果。开花前2个月
进行修剪比较合适。有茎种只需要剪掉枯萎的
叶子。为了避免发生病害传染，可以准备一个
打火机用来消毒剪刀。修剪时要留下2～3cm
长的叶柄。

圣诞玫瑰进入停滞期后不再施肥，但是9月恢复
生长后到12月开花前都要施肥。为了促进植株开花，
选用含磷酸成分多的肥料为宜。

【9月的施肥】
根系活动，植株复壮

夏季的停滞期过后，植物又焕发出生机。此时可
施用大约2个月肥效的缓释肥。此时也是植株生发花
芽的时期，以磷酸成分高的肥料为宜。

【12月的施肥】
促进植株多开花

在剪除叶子1周前，为了促进植株开花应放置颗
粒肥，再追施2～3次液体肥效果更佳。12月过后停
止施肥。

Before

After

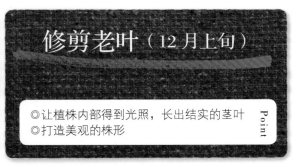

合理的施肥方式

如果有时间，可以把肥料分
量均等地稀释成数份，多施
几次，这样薄肥勤施比只施
1次效果更佳。

【使用例子】
1000倍稀释的肥料
每周1次

↓

2000倍稀释的肥料
每周2次

因为根系中间和外侧有渗透
压，所以根系中间的养分浓
度高于外侧，可以更好地吸
收外侧的养分。反之，如果
外侧的养分浓度高，会导致
根系渗出水分，造成烧根。

寒冷地区的栽培要点

生长环境不同，养护操作的时间也不同。在这里，我们根据季节介绍一下寒冷地区圣诞玫瑰的栽培方法。

【 耐寒品种与不耐寒品种 】

圣诞玫瑰的原生地气候比较凉爽，多数圣诞玫瑰较耐寒。但也有部分品种不太耐寒。一般来说，无茎种耐寒性强，有茎种耐寒性差。

叶子和花在同一茎上的有茎种，可能会被积雪压断，原来植株就比较脆弱的话，一旦茎干断了可能会发不出芽，例如原生于西班牙的青灰铁筷子特别不耐寒。无茎种则相对耐寒，有积雪也不会被冻伤。

【 适合栽培的地点和环境 】

●地栽

无茎种习性强健，可以承受积雪覆盖，地栽也不用担心，积雪反而有保温效果，好像在温室里一样。在不会下雪的地方则要注意避免强劲的北风，适当采取防风保护措施。夏季的防晒遮阴和其他地区一样。

●盆栽

容易受寒冷气候影响的盆栽圣诞玫瑰只能在专用的日光温室过冬。可以尝试把整个花盆埋到土里，或者放在避风的屋檐下、无加温设施的室内等光照好的地方。而有暖气的室内或阴暗的室内，会导致植株长势变弱。夏季搬到阴凉处管理。

寒冷地区的栽培管理流程

一目了然的管理月历（不同地区时间略有差异）

月	1	2	3	4	5	6	7	8	9	10	11	12
生长状态				开花期		生长期	停滞期			充实期		
放置地点　地栽		雪下		向阳处		常绿树下（散射光）				向阳处		
放置地点　盆栽		不淋雨雪的向阳处			向阳处	半阴处（遮光 50%）				向阳处		
浇水　地栽						不降雨						
浇水　盆栽						表土干燥后（夏季特别要注意不可缺水）						
肥料　地栽												
肥料　盆栽												
主要工作			剪除老叶	最适期 种植、移栽、分株 采收种子				适期 种植、移栽				

寒冷地区的栽培管理流程

剪除老叶
开花之前，融雪之后

宜在开花期前的 12 月上旬修剪叶片，没有积雪的地方也可在此时进行修剪。雪化后茎叶都会受损，及时剪除受损的茎叶即可。

操作详见 P103。

追　肥
花后和凉爽的时节

春季追肥在花后立刻进行。秋季在天气转凉的时候施肥。以速效性和缓效性兼具、营养均衡的固体肥料为宜。

操作详见 P97、P103。

分　株
花后的 5 月进行

温暖地区也还可以在 9—12 月的充实期进行。寒冷地区应避免秋季分株以便植株储存体力应对即将到来的寒冬，开花期过后最适宜分株。

操作详见 P101。

种植、移栽
和追肥同时进行

和追肥同样适合在春、秋季进行。寒冷地区的春季是圣诞玫瑰的花期之后，秋季则是指天气变凉之后。

操作详见 P98 ~ 100。

创造适宜的生长环境是防范病虫害的最好措施

圣诞玫瑰的
病虫害问题

虽然圣诞玫瑰习性强健，但是在梅雨、高温潮湿以及秋雨连绵的时节，也可能会发生病虫害。下面我们将介绍圣诞玫瑰常见的病虫害及防治措施。

● 注意避免闷热、不通风的环境 ●

病 害

植株出现黑色的斑点和斑纹
黑死病

若环境恶劣，植株抵抗力差，此病可能在全年任何时间发生。植株感染病毒后，变黑的部分会慢慢增大。发病的植株必须丢弃，用过的土也要丢弃，花盆清洗后不可再用于种植圣诞玫瑰。

感病部位变成褐色，腐烂
立枯病

秋季连续下雨时容易发生。基部湿度上升，细菌侵入而导致植株腐烂。发病初期可以清理腐败部分，稍微去除一些基部的土壤，加强病患处的通风和干燥。严重的应挖出植株丢弃。

叶片出现褐色斑点
炭疽病

低温潮湿时多发。发病后保留健康的叶片，清理病变的叶片。全部清除的话植株无法进行光合作用，如果情况不严重等到冬季修剪时再清除也可以。

圣诞玫瑰是强健的植物，只要环境条件适宜就不会生病。环境恶劣是植株染病的主要原因。植物在恶劣环境中长势弱，抵抗力下降，就容易得病。

但是病害不会在全年发生，一般在梅雨、高温高湿的时节，或者秋雨连绵的时期发病。圣诞玫瑰的病害没有特别有效的药剂，不过只要环境良好，植株就不容易染病。

● 害虫常出现在新芽上，发现后驱除 ●

虫 害

传播病毒
蚜虫

寄生在新芽和叶片背面，吸食汁液，导致新芽萎缩、叶片卷曲变形。如果吸食了感染病毒的植株，就会传播病毒。发现后捏死或喷洒药剂。

咬坏嫩芽、新叶
毛虫

蛾类的幼虫，专门咬噬嫩芽、新叶。幼虫白天隐藏在土里，夜间活动。夜间捕杀，或是当它们刚孵化出聚集在叶子背面时喷药处理。

有的害虫会咬坏叶片和花，有的会吸食植物汁液。5—9月新芽萌发时期容易发生，这时要经常检查植株。发现虫害后应及时驱除，尽早发现，可以让危害降低到最小。特别是吸食植物汁液的蚜虫，不仅影响植株生长，还会传播疾病，要特别注意。红蜘蛛、毛虫、蓟马也会偶尔为害，但不会造成太大伤害。

圣诞玫瑰的
花艺应用

圣诞玫瑰的花色大多柔和雅致，可以作为鲜切花和其他花卉搭配进行花艺布置，形成画卷般的美景。下面来看看几种不同场景下的插花案例。

把这种只能在冬季欣赏的可爱花朵，带到室内朝夕相处吧！

客厅的角落
Corner of
Living Room

丰盛饱满的重瓣花
让客厅明亮美丽

大型的陶壶里，混合插入两种不同颜色的重瓣圣诞玫瑰，白色与粉色组合，既有分量又不会过于沉重，给人轻盈优美的印象。清爽的初春，圣诞玫瑰让客厅的角落也变得明亮动人。

使用的花材
●圣诞玫瑰：粉色、白色，重瓣花

花器搭配的要点

为了搭配淡雅的花色，选用了复古的绿色带白色波点的陶壶作花器。具有成熟之美的圣诞玫瑰，因花器而活泼可爱起来。

Point

单种花色烘托出
沉稳安定的气氛

精心挑选的数朵暗红色单瓣圣诞玫瑰簇拥在一起，摆放在卧室里十分醒目。暗红色的花朵呈现出沉稳安定之感，和古董风格的花器完美搭配，最适合放在私密的房间里一个人静静欣赏。

使用的花材
● 圣诞玫瑰：红色单瓣花

花器搭配的要点

深色的圣诞玫瑰，搭配古典的器物十分合适。即使单独放置也很美的古董小瓶，经过岁月沉淀的感觉格外迷人，能更好地衬托花朵之美。

Point

聚会餐桌
Dining at party

美丽的花朵漂浮水面
成为餐桌上的主角

把喜欢的花朵从蒂部剪断，让其漂浮在盛水的甜品盘里，使餐桌变得格调十足。以浅色为主的花朵里，点缀一些深色花，即使花色多，组合起来也不会杂乱。在布置餐桌时根据氛围适当选择喜好的花色便可。

使用的花材
● 圣诞玫瑰：白色、粉色、红色，单瓣花、重瓣花 / 科西嘉铁筷子

花器搭配的要点

用于聚会布置时，可以把平时不太常用的餐具活用起来。让花朵漂浮于水中，可以保持花的美丽。透明的紫色甜品盘让可爱的花朵更加楚楚动人。

Point

和春季的花朵搭配
为冰冷的浴室空间
增添清新的色彩

用春季花朵的组合装饰浴室，在花篮里蓬松盛开的花朵为单调的浴室空间添加一抹暖色。将小草花插入单瓣圣诞玫瑰之间，让它们仿佛探出头来一般，活泼灵动。

使用的花材
●黑根铁筷子、斯特尼铁筷子
●花毛莨、香豌豆、三色堇等

花器搭配的要点

将温暖质朴的藤编花篮套在玻璃器皿外，从藤编花篮的孔隙中可以看到花茎，更显轻盈可爱。

Point

Point

做好泡水工作
才能长期赏花

做好泡水工作，可以延长花朵的保鲜期。水要浸到花茎处，以提升水的吸收率。但注意，不要让花瓣泡水，以免花瓣受损。

长期保持花朵美丽的方法

圣诞玫瑰只在少花的冬、春季开花，如果想要长期欣赏圣诞玫瑰，可以把它们做成干花。下面是使用干燥剂制作干花的方法。

[制作干花的方法]

1

剪下花朵，擦干水，在密封容器里铺上数厘米厚的硅晶颗粒干燥剂，摆上花朵，注意不要重叠。

2

加入干燥剂，将花朵完全淹没，盖好盖子。2周后小心取出，注意不要弄坏花朵。